ÜBER GEWISSHEIT · ON CERTAINTY

ÜBER GEWISSHEIT

von
LUDWIG WITTGENSTEIN

Herausgegeben
von
G. E. M. ANSCOMBE
und
G. H. von WRIGHT

HARPER TORCHBOOKS
Harper & Row, Publishers
New York, Hagerstown, San Francisco, London

ON CERTAINTY

by
LUDWIG WITTGENSTEIN

Edited by G. E. M. ANSCOMBE
and G. H. von WRIGHT

Translated by
DENIS PAUL and
G. E. M. ANSCOMBE

HARPER TORCHBOOKS
Harper & Row, Publishers, New York
Grand Rapids, Philadelphia, St. Louis, San Francisco
London, Singapore, Sydney, Tokyo, Toronto

First HARPER TORCHBOOK edition published 1972

This book is available in hardcover from HarperCollins Publishers.

ISBN: 0-06-131686-5

22 23 24 25 26 LBC 63 62 61 60 59

Was wir hier veröffentlichen, gehört in die letzten anderthalb Jahre von Wittgensteins Leben. Mitte 1949 besuchte er auf Norman Malcolms Einladung hin die Vereinigten Staaten; er wohnte in dessen Haus in Ithaca. Malcolm gab ihm neuen Antrieb sich mit Moores 'defence of common sense' (Verteidigung des gesunden Menschenverstands), zu beschäftigen, d.h. mit seiner Behauptung, von einer Anzahl von Sätzen *wisse* er mit Sicherheit, daß sie wahr seien; z.B.: "Hier is eine Hand—und hier eine zweite", "Die Erde bestand lange Zeit vor meiner Geburt" und "Ich habe mich niemals weit von der Erdoberfläche entfernt". Der erste dieser Sätze ist aus Moores 'Proof of the External World', die beidern andern aus seiner Schrift 'Defence of Common Sense'; diese hatten Wittgenstein schon seit langen interessiert, und er hatte zu Moore gesagt dies sei sein bester Artikel. Moore stimmte dem zu. Das Buch, das wir hier vorlegen, enthält alles, was Wittgenstein von jener Zeit bis zu seinem Tod zu diesem Thema schrieb. Es besteht ganz aus ersten Aufzeichnungen; er kam nicht mehr dazu, dieses Material zu sichten und zu überarbeiten.

Das Material setzt sich aus vier Teilen zusammen; wir haben die Aufteilung bei § 65 (S. 10), § 192 (S. 27) und § 299 (S. 38) angezeigt. Der unseres Erachtens früheste Teil stand—ohne Datenangabe—auf zwanzig losen Blättern linierten Kanzleipapiers. Diese hinterließ Wittgenstein in seinem Zimmer in G. E. M. Anscombes Haus in Oxford, wo er (abgesehen von einer Fahrt nach Norwegen im Herbst) von April 1950 bis Februar 1951 wohnte. Ich (G. E. M. A.) habe den Eindruck, daß er sie in Wien geschrieben hatte, wo er sich von Weihnachten 1949 bis zum folgenden März aufhielt; aber ich kann mich jetzt nicht daran erinnern, worauf dieser Eindruck zurückgeht. Das übrige fand sich in kleinen Notizbüchern und enthält Daten; gegen Ende ist das Datum der Niederschrift sogar immer angegeben. Die letzte Eintragung liegt zwei Tage vor seinem Tod am 29. April 1951. Wir haben die Daten ganz so belassen, wie sie in den Manuskripten erscheinen. Die Numerierung der einzelnen Abschnitte jedoch rührt von den Herausgebern her.

Diese Aufzeichnungen waren nicht das einzige, das Wittgenstein während dieser Periode verfaßte. Er schrieb u.a. über Farbbegriffe, und dieses—recht ansehnliche—Material sichtete und überarbeitete er, wobei er den Umfang beträchtlich reduzierte. Wir hoffen, demnächst einen Band mit diesem und

PREFACE

What we publish here belongs to the last year and a half of Wittgenstein's life. In the middle of 1949 he visited the United States at the invitation of Norman Malcolm, staying at Malcolm's house in Ithaca. Malcolm acted as a goad to his interest in Moore's 'defence of common sense', that is to say his claim to *know* a number of propositions for sure, such as "Here is one hand, and here is another", and "The earth existed for a long time before my birth", and "I have never been far from the earth's surface". The first of these comes in Moore's 'Proof of the External World'. The two others are in his 'Defence of Common Sense'; Wittgenstein had long been interested in these and had said to Moore that this was his best article. Moore had agreed. This book contains the whole of what Wittgenstein wrote on this topic from that time until his death. It is all first-draft material, which he did not live to excerpt and polish.

The material falls into four parts; we have shown the divisions at § 65, p. 10, § 192, p. 27 and § 299, p. 38. What we believe to be the first part was written on twenty loose sheets of lined foolscap, undated. These Wittgenstein left in his room in G. E. M. Anscombe's house in Oxford, where he lived (apart from a visit to Norway in the autumn) from April 1950 to February 1951. I (G. E. M. A.) am under the impression that he had written them in Vienna, where he stayed from the previous Christmas until March; but I cannot now recall the basis of this impression. The rest is in small notebooks, containing dates; towards the end, indeed, the date of writing is always given. The last entry is two days before his death on April 29th 1951. We have left the dates exactly as they appear in the manuscripts. The numbering of the single sections, however, is by the Editors.

These were not the only things Wittgenstein wrote during this period. He wrote *i.a.* a fair amount on colour-concepts, and this material he did excerpt and polish, reducing it to a small compass. We expect to publish a volume containing this and other material written after the completion of *Philosophical Investigations* Part II.

It seemed appropriate to publish this work by itself. It is not a selection; Wittgenstein marked it off in his notebooks as a separate topic, which he apparently took up at four separate periods during this eighteen months. It constitutes a single sustained treatment of the topic.

G. E. M. Anscombe
G. H. von Wright

anderem Material, das nach Fertigstellung des zweiten Teils der *Philosophischen Untersuchungen* entstand, zu veröffentlichen.

Es schien angemessen, diese Arbeit für sich zu veröffentlichen. Sie ist keine Auswahl; in Wittgensteins Notizbüchern erscheint sie als gesondertes Thema, mit dem er sich anscheinend in vier voneinander getrennten Perioden während jener anderthalb Jahre befaßte. Die Arbeit stellt eine einzige zusammenhängende Behandlung ihres Gegenstandes dar.

G. E. M. Anscombe
G. H. von Wright

ACKNOWLEDGMENT

Dr. Lotte Labowsky and Dr. Anselm Müller are to be sincerely thanked for advice about the translation of this work.

1. Wenn du weißt, daß hier eine Hand[1] ist, so geben wir dir alles Übrige zu.

(Sagt man, der und der Satz lasse sich nicht beweisen, so heißt das natürlich nicht, daß er sich nicht aus andern herleiten läßt; jeder Satz läßt sich aus andern herleiten. Aber diese mögen nicht sicherer sein, als er selbst.) (Dazu eine komische Bemerkung H. Newman's.)

2. Daß es mir—oder Allen—so *scheint*, daraus folgt nicht, daß es so *ist*.

Wohl aber läßt sich fragen, ob man dies sinnvoll bezweifeln kann.

3. Wenn z. B. jemand sagt "Ich weiß nicht, ob da eine Hand ist", so könnte man ihm sagen "Schau näher hin".—Diese Möglichkeit des Sich-überzeugens gehört zum Sprachspiel. Ist einer seiner wesentlichen Züge.

4. "Ich weiß, daß ich ein Mensch bin." Um zu sehen, wie unklar der Sinn des Satzes ist, betrachte seine Negation. Am ehesten noch könnte man ihn so auffassen: "Ich weiß, daß ich die menschlichen Organe habe." (Z. B. ein Gehirn, welches doch noch niemand gesehen hat.) Aber wie ist es mit einem Satze wie "Ich weiß, daß ich ein Gehirn habe"? Kann ich ihn bezweifeln? Zum *Zweifeln* fehlen mir die Gründe! Es spricht alles dafür, und nichts dagegen. Dennoch läßt sich vorstellen, daß bei einer Operation mein Schädel sich als leer erwiese.

5. Ob sich ein Satz im Nachhinein als falsch erweisen kann, das kommt auf die Bestimmungen an, die ich für diesen Satz gelten lasse.

6. Kann man nun (wie Moore) aufzählen, was man weiß? So ohne weiteres, glaube ich, nicht.—Es wird nämlich sonst das Wort "Ich weiß" gemißbraucht. Und durch diesen Mißbrauch scheint sich ein seltsamer und höchst wichtiger Geisteszustand zu zeigen.

7. Mein Leben zeigt, daß ich weiß, oder sicher bin, daß dort ein Sessel steht, eine Tür ist u. s. f.—Ich sage meinem Freunde z. B. "Nimm den Sessel dort", "Mach die Tür zu", etc., etc.

---

[1] S. G. E. Moore, "Proof of an External World", in *Proceedings of the British Academy* 1939; "A Defence of Common Sense" in *Contemporary British Philosophy, 2nd Series*; J. H. Muirhead Herausg. 1925. Beide Schriften sind auch zu finden in Moore's *Philosophical Papers*, London, George Allen and Unwin 1959. *Herausg.*

1. If you do know that *here is one hand*,[1] we'll grant you all the rest.

When one says that such and such a proposition can't be proved, of course that does not mean that it can't be derived from other propositions; any proposition can be derived from other ones. But they may be no more certain than it is itself. (On this a curious remark by H. Newman.)

2. From its *seeming* to me—or to everyone—to be so, it doesn't follow that it *is* so.

What we can ask is whether it can make sense to doubt it.

3. If e.g. someone says "I don't know if there's a hand here" he might be told "Look closer".—This possibility of satisfying oneself is part of the language-game. Is one of its essential features.

4. "I know that I am a human being." In order to see how unclear the sense of this proposition is, consider its negation. At most it might be taken to mean "I know I have the organs of a human". (E.g. a brain which, after all, no one has ever yet seen.) But what about such a proposition as "I know I have a brain"? Can I doubt it? Grounds for *doubt* are lacking! Everything speaks in its favour, nothing against it. Nevertheless it is imaginable that my skull should turn out empty when it was operated on.

5. Whether a proposition can turn out false after all depends on what I make count as determinants for that proposition.

6. Now, can one enumerate what one knows (like Moore)? Straight off like that, I believe not.—For otherwise the expression "I know" gets misused. And through this misuse a queer and extremely important mental state seems to be revealed.

7. My life shews that I know or am certain that there is a chair over there, or a door, and so on.—I tell a friend e.g. "Take that chair over there", "Shut the door", etc. etc.

[1] See G. E. Moore, "Proof of an External World", *Proceedings of the British Academy*, Vol. XXV, 1939; also "A Defence of Common Sense" in *Contemporary British Philosophy, 2nd Series*, Ed. J. H. Muirhead, 1925. Both papers are in Moore's *Philosophical Papers*, London, George Allen and Unwin, 1959. *Editors.*

8. Der Unterschied des Begriffs 'wissen' vom Begriff 'sicher sein' ist gar nicht von großer Wichtigkeit, außer da wo "Ich weiß" heißen soll: Ich *kann* mich nicht irren. Im Gerichtssaal z. B. könnte in jeder Zeugenaussage statt "Ich weiß" "Ich bin sicher" gesagt werden. Ja, man könnte es sich denken, daß das "Ich weiß" dort verboten wäre. [Eine Stelle im Wilhelm Meister, wo "Du weißt" oder "Du wußtest" im Sinne "Du warst sicher" gebraucht wird, da es sich anders verhielt, als er wußte.]

9. Bewähre ich nun im Leben, daß ich weiß, daß da eine Hand (nämlich meine Hand) ist?

10. Ich weiß, daß hier ein kranker Mensch liegt? Unsinn! Ich sitze an seinem Bett, schaue aufmerksam in seine Züge.—So weiß ich also nicht, daß da ein Kranker liegt?—Es hat weder die Frage, noch die Aussage Sinn. So wenig wie die: "Ich bin hier", die ich doch jeden Moment gebrauchen könnte, wenn sich die passende Gelegenheit dazu ergäbe.——So ist also auch "2 × 2 = 4" Unsinn und kein wahrer arithmetischer Satz, außer bei bestimmten Gelegenheiten? "2 × 2 = 4" ist ein wahrer Satz der Arithmetik—nicht "bei bestimmten Gelegenheiten", noch "immer"—aber die Laut- oder Schriftzeichen "2 × 2 = 4" könnten im Chinesischen eine andere Bedeutung haben oder aufgelegter Unsinn sein, woraus man sieht: nur im Gebrauch hat der Satz Sinn. Und "Ich weiß, daß hier ein Kranker liegt", in der unpassenden Situation gebraucht, erscheint nur darum nicht als Unsinn, vielmehr als Selbstverständlichkeit, weil man sich verhältnismäßig leicht eine für ihn passende Situation vorstellen kann und weil man meint die Worte "Ich weiß, daß . . ." seien überall am Platz, wo es keinen Zweifel gibt (also auch dort, wo der Ausdruck des Zweifels unverständlich wäre).

11. Man sieht eben nicht, wie sehr spezialisiert der Gebrauch von "Ich weiß" ist.

12. —Denn "Ich weiß . . ." scheint einen Tatbestand zu beschreiben, der das Gewußte als Tatsache verbürgt. Man vergißt eben immer den Ausdruck "Ich glaubte, ich wüßte es".

13. Es ist nämlich nicht so, daß man aus der Äußerung des Andern "Ich weiß, daß es so ist" den Satz "Es ist so" schließen könnte. Auch nicht aus der Äußerung und daraus, daß sie keine Lüge ist.—Aber kann ich nicht aus meiner Äußerung "Ich weiß etc." schließen "Es ist so"? Doch, und aus dem Satz

8. The difference between the concept of 'knowing' and the concept of 'being certain' isn't of any great importance at all, except where "I know" is meant to mean: I *can't* be wrong. In a law-court, for example, "I am certain" could replace "I know" in every piece of testimony. We might even imagine its being forbidden to say "I know" there. [A passage in *Wilhelm Meister*, where "You know" or "You knew" is used in the sense "You were certain", the facts being different from what he knew.]

9. Now do I, in the course of my life, make sure I know that here is a hand—my own hand, that is?

10. I know that a sick man is lying here? Nonsense! I am sitting at his bedside, I am looking attentively into his face.—So I don't know, then, that there is a sick man lying here? Neither the question nor the assertion makes sense. Any more than the assertion "I am here", which I might yet use at any moment, if suitable occasion presented itself.——Then is "2 × 2 = 4" nonsense in the same way, and not a proposition of arithmetic, apart from particular occasions? "2 × 2 = 4" is a true proposition of arithmetic—not "on particular occasions" nor "always"—but the spoken or written sentence "2 × 2 = 4" in Chinese might have a different meaning or be out and out nonsense, and from this is seen that it is only in use that the proposition has its sense. And "I know that there's a sick man lying here", used in an *unsuitable* situation, seems not to be nonsense but rather seems matter-of-course, only because one can fairly easily imagine a situation to fit it, and one thinks that the words "I know that..." are always in place where there is no doubt, and hence even where the expression of doubt would be unintelligible.

11. We just do not see how very specialized the use of "I know" is.

12. —For "I know" seems to describe a state of affairs which guarantees what is known, guarantees it as a fact. One always forgets the expression "I thought I knew".

13. For it is not as though the proposition "It is so" could be inferred from someone else's utterance: "I know it is so". Nor from the utterance together with its not being a lie.—But can't I infer "It is so" from my own utterance "I know etc."? Yes;

"Er weiß, daß dort eine Hand ist" folgt auch "Dort ist eine Hand". Aber aus seiner Äußerung "Ich weiß ..." folgt nicht, er wisse es.

14. Es muß erst erwiesen werden, daß er's weiß.

15. Daß kein Irrtum möglich war, muß *erwiesen* werden. Die Versicherung "Ich weiß es" genügt nicht. Denn sie ist doch nur die Versicherung, daß ich mich (da) nicht irren kann, und daß ich mich *darin* nicht irre, muß *objektiv* feststellbar sein.

16. "Wenn ich etwas weiß, so weiß ich auch, daß ich's weiß, etc.", kommt darauf hinaus, "Ich weiß das" heiße "Ich bin darin unfehlbar". Ob ich aber das bin, muß sich objektiv feststellen lassen.

17. Angenommen nun, ich sage "Ich bin darin unfehlbar, daß das ein Buch ist"—ich zeige dabei auf einen Gegenstand. Wie sähe hier ein Irrtum aus? Und habe ich davon eine *klare* Vorstellung?

18. "Ich weiß es" heißt oft: Ich habe die richtigen Gründe für meine Aussage. Wenn also der Andre das Sprachspiel kennt, so würde er zugeben, daß ich das weiß. Der Andre muß sich, wenn er das Sprachspiel kennt, vorstellen können, *wie* man so etwas wissen kann.

19. Die Aussage "Ich weiß, daß hier eine Hand ist" kann man also so fortsetzen, "es ist nämlich *meine* Hand, auf die ich schaue". Dann wird ein vernünftiger Mensch nicht zweifeln, daß ich's weiß.——Auch der Idealist nicht; sondern er wird sagen, um den praktischen Zweifel, der beseitigt ist, habe es sich ihm nicht gehandelt, es gebe aber noch einen Zweifel *hinter* diesem.— Daß dies eine *Täuschung* ist, muß auf andre Weise gezeigt werden.

20. "Die Existenz der äußeren Welt bezweifeln" heißt ja nicht, z. B., die Existenz eines Planeten bezweifeln, welche später durch Beobachtung bewiesen wird.—Oder will Moore sagen, das Wissen, hier sei seine Hand, ist von andrer *Art* als das, es gebe den Planet Saturn? Sonst könnte man den Zweifelnden auf die Entdeckung des Planeten Saturn hinweisen und sagen, seine Existenz sei nachgewiesen worden, also auch die Existenz der äußeren Welt.

and also "There is a hand there" follows from the proposition "He knows that there's a hand there". But from his utterance "I know . . ." it does not follow that he does know it.

14. That he does know takes some shewing.

15. It needs to be *shewn* that no mistake was possible. Giving the assurance "I know" doesn't suffice. For it is after all only an assurance that I can't be making a mistake, and it needs to be *objectively* established that I am not making a mistake about *that*.

16. "If I know something, then I also know that I know it, etc." amounts to: "I know that" means "I am incapable of being wrong about that". But whether I am so needs to be established objectively.

17. Suppose now I say "I'm incapable of being wrong about this: that is a book" while I point to an object. What would a mistake here be like? And have I any *clear* idea of it?

18. "I know" often means: I have the proper grounds for my statement. So if the other person is acquainted with the language-game, he would admit that I know. The other, if he is acquainted with the language-game, must be able to imagine *how* one may know something of the kind.

19. The statement "I know that here is a hand" may then be continued: "for it's *my* hand that I'm looking at". Then a reasonable man will not doubt that I know.——Nor will the idealist; rather he will say that he was not dealing with the practical doubt which is being dismissed, but there is a further doubt *behind* that one.—That this is an *illusion* has to be shewn in a different way.

20. "Doubting the existence of the external world" does not mean for example doubting the existence of a planet, which later observations proved to exist.—Or does Moore want to say that knowing that here is his hand is different in kind from knowing the existence of the planet Saturn? Otherwise it would be possible to point out the discovery of the planet Saturn to the doubters and say that its existence has been proved, and hence the existence of the external world as well.

21. Moore's Ansicht läuft eigentlich darauf hinaus, der Begriff 'wissen' sei den Begriffen 'glauben', 'vermuten', 'zweifeln', 'überzeugt sein' darin analog, daß die Aussage "Ich weiß ..." kein Irrtum sein könne. Und *ist* es so, dann kann aus einer Äußerung auf die Wahrheit einer Behauptung geschlossen werden. Und hier wird die Form "Ich glaubte zu wissen" übersehen.—Soll aber diese nicht zugelassen werden, dann muß ein Irrtum auch in der *Behauptung* logisch unmöglich sein. Und dies muß einsehen, wer das Sprachspiel kennt; die Versicherung des Glaubwürdigen, er *wisse* es, kann ihm dabei nicht helfen.

22. Es wäre doch merkwürdig, wenn wir dem Glaubwürdigen glauben müßten, der sagt "Ich kann mich nicht irren"; oder dem, der sagt "Ich irre mich nicht".

23. Wenn ich nicht weiß, ob Einer zwei Hände hat (z. B., ob sie ihm amputiert worden sind, oder nicht) werde ich ihm die Versicherung, er habe zwei Hände, glauben, wenn er glaubwürdig ist. Und sagt er, er *wisse* es, so kann mir das nur bedeuten, er habe sich davon überzeugen können, seine Ärme seien also z. B. nicht noch von Decken und Verbänden verhüllt, etc., etc. Daß ich dem Glaubwürdigen hier glaube, kommt daher, daß ich ihm die Möglichkeit sich zu überzeugen zugestehe. Wer aber sagt, es gäbe (vielleicht) keine physikalischen Gegenstände, tut das nicht.

24. Die Frage des Idealisten wäre etwa so: "Mit welchem Recht zweifle ich nicht an der Existenz meiner Hände?" (Und darauf kann die Antwort nicht sein: "Ich *weiß*, daß sie existieren".) Wer aber so fragt, der übersieht, daß der Zweifel an einer Existenz nur in einem Sprachspiel wirkt. Daß man also erst fragen müsse: Wie sähe so ein Zweifel aus? und es nicht so ohne weiteres versteht.

25. Auch darin "daß hier eine Hand ist", kann man sich irren. Nur unter bestimmten Umständen nicht.—"Auch in einer Rechnung kann man sich irren,—nur unter gewissen Umständen nicht."

26. Aber kann man aus einer *Regel* ersehen, unter welchen Umständen ein Irrtum in der Verwendung der Rechenregeln logisch ausgeschlossen ist?

Was nützt uns so eine Regel? könnten wir uns bei ihrer Anwendung nicht (wieder) irren?

21. Moore's view really comes down to this: the concept 'know' is analogous to the concepts 'believe', 'surmise', 'doubt', 'be convinced' in that the statement "I know . . ." can't be a mistake. And if that *is* so, then there can be an inference from such an utterance to the truth of an assertion. And here the form "I thought I knew" is being overlooked.—But if this latter is inadmissible, then a mistake in the *assertion* must be logically impossible too. And anyone who is acquainted with the language-game must realize this—an assurance from a reliable man that he *knows* cannot contribute anything.

22. It would surely be remarkable if we had to believe the reliable person who says "I can't be wrong"; or who says "I am not wrong".

23. If I don't know whether someone has two hands (say, whether they have been amputated or not) I shall believe his assurance that he has two hands, if he is trustworthy. And if he says he *knows* it, that can only signify to me that he has been able to make sure, and hence that his arms are e.g. not still concealed by coverings and bandages, etc. etc. My believing the trustworthy man stems from my admitting that it is possible for him to make sure. But someone who says that perhaps there are no physical objects makes no such admission.

24. The idealist's question would be something like: "What right have I not to doubt the existence of my hands?" (And to that the answer can't be: I *know* that they exist.) But someone who asks such a question is overlooking the fact that a doubt about existence only works in a language-game. Hence, that we should first have to ask: what would such a doubt be like?, and don't understand this straight off.

25. One may be wrong even about "there being a hand here". Only in particular circumstances is it impossible.—"Even in a calculation one can be wrong—only in certain circumstances one can't."

26. But can it be seen from a *rule* what circumstances logically exclude a mistake in the employment of rules of calculation?
   What use is a rule to us here? Mightn't we (in turn) go wrong in applying it?

27. Wollte man aber dafür etwas Regelartiges angeben, so würde darin der Ausdruck "unter normalen Umständen" vorkommen. Und die normalen Umstände erkennt man, aber man kann sie nicht genau beschreiben. Eher noch eine Reihe von abnormalen.

28. Was ist 'eine Regel lernen'?—*Das.*
Was ist 'einen Fehler in ihrer Anwendung machen'?—*Das.*
Und auf was hier gewiesen wird, ist etwas Unbestimmtes.

29. Das Üben im Gebrauch der Regel zeigt auch was ein Fehler in ihrer Verwendung ist.

30. Wenn Einer sich überzeugt hat, so sagt er dann: Ja, die Rechnung stimmt, aber er hat das nicht aus dem Zustand seiner Gewißheit gefolgert. Man schließt nicht auf den Tatbestand aus der eigenen Gewißheit.
Die Gewißheit ist *gleichsam* ein Ton, in dem man den Tatbestand feststellt, aber man schließt nicht aus dem Ton darauf, daß er berechtigt ist.

31. Die Sätze, zu denen man, wie gebannt, wieder und wieder zurückgelangt, möchte ich aus der philosophischen Sprache ausmerzen.

32. Es handelt sich nicht darum, daß *Moore* wisse, es sei da eine Hand, sondern darum, daß wir ihn nicht verstünden, wenn er sagte "Ich mag mich natürlich darin irren". Wir würden fragen: "Wie sähe denn so ein Irrtum aus?"—z. B. die Entdeckung aus, daß es ein Irrtum war?

33. Wir merzen also die Sätze aus, die uns nicht weiterbringen.

34. Wem man das Rechnen beibringt, wird dem auch beigebracht, er könne sich auf eine Rechnung des Lehrers verlassen? Aber einmal müßten doch diese Erklärungen ein Ende haben. Wird ihm auch beigebracht, er könne sich auf seine Sinne verlassen—weil man ihm allerdings in manchen Fällen sagt, man könne sich in dem und dem besonderen Fall *nicht* auf sie verlassen?—
Regel und Ausnahme.

35. Aber kann man sich nicht vorstellen, es gäbe keine physikalischen Gegenstände? Ich weiß nicht. Und doch ist "Es gibt physikalische Gegenstände" Unsinn. Soll es ein Satz der Erfahrung sein?—

6

27. If, however, one wanted to give something like a rule here, then it would contain the expression "in normal circumstances". And we recognize normal circumstances but cannot precisely describe them. At most, we can describe a range of abnormal ones.

28. What is 'learning a rule'?—*This*.
What is 'making a mistake in applying it'?—*This*. And what is pointed to here is something indeterminate.

29. Practice in the use of the rule also shews what is a mistake in its employment.

30. When someone has made sure of something, he says: "Yes, the calculation is right", but he did not infer that from his condition of certainty. One does not infer how things are from one's own certainty.
Certainty is *as it were* a tone of voice in which one declares how things are, but one does not infer from the tone of voice that one is justified.

31. The propositions which one comes back to again and again as if bewitched—these I should like to expunge from philosophical language.

32. It's not a matter of *Moore's* knowing that there's a hand there, but rather we should not understand him if he were to say "Of course I may be wrong about this". We should ask "What is it like to make such a mistake as that?"—e.g. what's it like to discover that it was a mistake?

33. Thus we expunge the sentences that don't get us any further.

34. If someone is taught to calculate, is he also taught that he can rely on a calculation of his teacher's? But these explanations must after all sometime come to an end. Will he also be taught that he can trust his senses—since he is indeed told in many cases that in such and such a special case you *cannot* trust them?—
Rule and exception.

35. But can't it be imagined that there should be no physical objects? I don't know. And yet "There are physical objects" is nonsense. Is it supposed to be an empirical proposition?—

Und ist *das* ein Erfahrungssatz: "Es scheint physikalische Gegenstände zu geben"?

36. Die Belehrung "A ist ein physikalischer Gegenstand" geben wir nur dem, der entweder noch nicht versteht was "A" bedeutet, oder was "physikalischer Gegenstand" bedeutet. Es ist also eine Belehrung über den Gebrauch von Worten und "physikalischer Gegenstand", ein logischer Begriff. (Wie Farbe, Maß, ...) Und darum läßt sich ein Satz "Es gibt physikalische Gegenstände" nicht bilden.

Solchen verunglückten Versuchen begegnen wir aber auf Schritt und Tritt.

37. Ist es aber eine genügende Antwort auf die Skepsis der Idealisten oder die Versicherungen der Realisten: "Es gibt physikalische Gegenstände" Unsinn ist? Für sie ist es doch nicht Unsinn. Eine Antwort wäre aber: diese Behauptung, oder ihr Gegenteil, sei ein fehlgegangener Versuch (etwas) auszudrücken, was so nicht auszudrücken ist. Und daß er fehlgeht läßt sich zeigen; damit ist aber ihre Sache noch nicht erledigt. Man muß eben zur Einsicht kommen, daß das was sich uns als erster Ausdruck einer Schwierigkeit oder ihrer Beantwortung anbietet noch ein ganz falscher Ausdruck sein mag. So wie der welcher ein Bild mit Recht tadelt, zuerst oft da den Tadel anbringen wird, wo er nicht hingehört, und es eine *Untersuchung* braucht um den richtigen Angriffspunkt des Tadels zu finden.

38. Das Wissen in der Mathematik. Man muß sich hier immer wieder an die Unwichtigkeit eines 'inneren Vorgangs', oder 'Zustands', erinnern, und fragen "Warum soll er wichtig sein? Was geht er mich an?" Interessant ist es, wie wir die mathematischen Sätze *gebrauchen*.

39. *So* rechnet man, unter solchen Umständen *behandelt* man eine Rechnung als unbedingt zuverläßig, als gewiß richtig.

40. Auf "Ich weiß, daß dort meine Hand ist" kann die Frage folgen "Wie weißt du es?" und die Antwort darauf setzt voraus, daß *dies so* gewußt werden kann. Statt "Ich weiß, daß dort meine Hand ist" könnte man also sagen "Dort ist meine Hand" und hinzufügen, *wie* man es weiß.

41. "Ich weiß, wo ich den Schmerz empfinde", "Ich weiß, daß ich ihn *da* empfinde" ist so falsch wie: "Ich weiß, daß ich Schmerzen habe." Richtig aber: "Ich weiß, wo du meinen Arm berührt hast."

And is *this* an empirical proposition: "There seem to be physical objects"?

36. "A is a physical object" is a piece of instruction which we give only to someone who doesn't yet understand either what "A" means, or what "physical object" means. Thus it is instruction about the use of words, and "physical object" is a logical concept. (Like colour, quantity, . . .) And that is why no such proposition as: "There are physical objects" can be formulated.

Yet we encounter such unsuccessful shots at every turn.

37. But is it an adequate answer to the scepticism of the idealist, or the assurances of the realist, to say that "There are physical objects" is nonsense? For them after all it is not nonsense. It would, however, be an answer to say: this assertion, or its opposite is a misfiring attempt to express what can't be expressed like that. And that it does misfire can be shewn; but that isn't the end of the matter. We need to realize that what presents itself to us as the first expression of a difficulty, or of its solution, may as yet not be correctly expressed at all. Just as one who has a just censure of a picture to make will often at first offer the censure where it does not belong, and an *investigation* is needed in order to find the right point of attack for the critic.

38. Knowledge in mathematics: Here one has to keep on reminding oneself of the unimportance of the 'inner process' or 'state' and ask "Why should it be important? What does it matter to me?" What is interesting is how we *use* mathematical propositions.

39. *This* is how calculation is done, in such circumstances a calculation is *treated* as absolutely reliable, as certainly correct.

40. Upon "I know that here is my hand" there may follow the question "How do you know?" and the answer to that presupposes that *this* can be known in *that* way. So, instead of "I know that here is my hand", one might say "Here is my hand", and then add *how* one knows.

41. "I know where I am feeling pain", "I know that I feel it *here*" is as wrong as "I know that I am in pain". But "I know where you touched my arm" is right.

42. Man kann sagen "Er glaubt es, aber es ist nicht so", nicht aber "Er weiß es, aber es ist nicht so". Kommt dies von der Verschiedenheit der Seelenzustände des Glaubens und des Wissens? Nein.—"Seelenzustand' kann man etwa nennen, was sich im Ton der Rede, in der Gebärde etc. ausdrückt. Es wäre also *möglich* von einem seelischen Zustand der Überzeugtheit zu reden; und der kann der gleiche sein, ob gewußt, oder fälschlich geglaubt wird. Zu meinen, den Worten "glauben" und "wissen" müßten verschiedene Zustände entsprechen, wäre so, als glaubte man, dem Worte "ich" und dem Namen "Ludwig" müßten verschiedene Menschen entsprechen, weil die Begriffe verschieden sind.

43. Was für ein Satz ist dies: "Wir *können* uns in $12 \times 12 = 144$ nicht verrechnet haben"? Es muß doch ein Satz der Logik sein.——Aber ist er nun nicht derselbe, oder kommt auf das gleiche hinaus, wie die Feststellung $12 \times 12 = 144$?

44. Forderst du eine Regel, aus der hervorgeht, daß man sich hier nicht könne verrechnet haben, so ist die Antwort, daß wir dies nicht durch eine Regel gelernt haben, sondern dadurch, daß wir rechnen lernten.

45. Das *Wesen* des Rechnens haben wir beim Rechnenlernen kennen gelernt.

46. Aber läßt sich denn nicht beschreiben, wie wir uns von der Verläßlichkeit einer Rechnung überzeugen? O doch! aber eine Regel kommt dabei eben nicht zum Vorschein.—Das Wichtigste aber ist: Es braucht die Regel nicht. Es geht uns nichts ab. Wir rechnen nach einer Regel, das ist genug.

47. *So* rechnet man. Und Rechnen ist *dies*. Das, was wir z. B. in der Schule lernen. Vergiß diese transzendente Sicherheit, die mit deinem Begriff des Geistes zusammenhängt.

48. Man könnte aber doch aus einer Menge von Rechnungen gewisse als ein für allemal zuverläßig, andre als noch nicht feststehend bezeichnen. Und ist das nun eine *logische* Unterscheidung?

49. Aber bedenk: auch wenn mir die Rechnung feststeht, ist es nur eine Entscheidung zu einem praktischen Zweck.

50. Wann sagt man, Ich weiß daß $\ldots \times \ldots = \ldots$? Wenn man die Rechnung geprüft hat.

8

42. One can say "He believes it, but it isn't so", but not "He knows it, but it isn't so". Does this stem from the difference between the mental states of belief and of knowledge? No.—One may for example call "mental state" what is expressed by tone of voice in speaking, by gestures etc. It would thus be *possible* to speak of a mental state of conviction, and that may be the same whether it is knowledge or false belief. To think that different states must correspond to the words "believe" and "know" would be as if one believed that different people had to correspond to the word "I" and the name "Ludwig", because the concepts are different.

43. What sort of proposition is this: "We *cannot* have miscalculated in 12 × 12 = 144"? It must surely be a proposition of logic. ——But now, is it not the same, or doesn't it come to the same, as the statement 12 × 12 = 144?

44. If you demand a rule from which it follows that there can't have been a miscalculation here, the answer is that we did not learn this through a rule, but by learning to calculate.

45. We got to know the *nature* of calculating by learning to calculate.

46. But then can't it be described how we satisfy ourselves of the reliability of a calculation? O yes! Yet no rule emerges when we do so.—But the most important thing is: The rule is not needed. Nothing is lacking. We do calculate according to a rule, and that is enough.

47. *This* is how one calculates. Calculating is *this*. What we learn at school, for example. Forget this transcendent certainty, which is connected with your concept of spirit.

48. However, out of a host of calculations certain ones might be designated as reliable once for all, others as not yet fixed. And now, is this a *logical* distinction?

49. But remember: even when the calculation is something fixed for me, this is only a decision for a practical purpose.

50. When does one say, I know that . . . × . . . = . . .? When one has checked the calculation.

51. Was ist das für ein Satz: "Wie sähe denn hier ein Fehler aus!"? Es müßte ein logischer Satz sein. Aber es ist eine Logik, die nicht gebraucht wird, weil, was sie lehrt, nicht durch Sätze gelehrt wird.—Es ist ein logischer Satz, denn er beschreibt ja die begriffliche (sprachliche) Situation.

52. Diese Situation ist also nicht dieselbe für einen Satz wie "In dieser Entfernung von der Sonne existiert ein Planet" und "Hier ist eine Hand" (nämlich die meine). Man kann den zweiten keine Hypothese nennen. Aber es gibt keine scharfe Grenze zwischen ihnen.

53. Man könnte also Moore recht geben, wenn man ihn so deutet, daß ein Satz, der sagt, da sei ein physikalischer Gegenstand, eine ähnliche logische Stellung haben kann wie einer, der sagt, da sei ein roter Fleck.

54. Es ist nämlich nicht wahr, daß der Irrtum vom Planeten zu meiner eigenen Hand nur immer unwahrscheinlicher werde. Sondern er ist an einer Stelle auch nicht mehr denkbar.

Darauf deutet schon, daß es sonst auch denkbar sein müßte, daß wir uns in *jeder* Aussage über physikalische Gegenstände irrten, daß alle die wir je machen falsch sind.

55. Ist also die *Hypothese* möglich, daß es alle die Dinge in unserer Umgebung nicht gibt? Wäre sie nicht wie die, daß wir uns in allen Rechnungen verrechnet haben?

56. Wenn man sagt "Vielleicht gibt es diesen Planeten nicht und die Lichterscheinung kommt anders zustande, so braucht man doch ein Beispiel eines Gegenstandes *den* es gibt. Es gibt ihn nicht,—wie z. B. . . .

Oder soll man sagen, daß die *Sicherheit* nur ein konstruierter Punkt ist, dem sich manches mehr, manches weniger nähert? Nein. Der Zweifel verliert nach und nach seinen Sinn. So *ist* eben dieses Sprachspiel.

Und zur Logik gehört alles was ein Sprachspiel beschreibt.

57. Könnte nun "Ich *weiß*, ich vermute nicht nur, daß hier meine Hand ist", könnte das nicht als grammatischer Satz aufgefaßt werden? Also *nicht* temporal.—

Aber ist er dann nicht wie *der*: "Ich weiß, ich vermute nicht nur, daß ich Rot sehe"?

51. What sort of proposition is: "What could a mistake here be like!"? It would have to be a logical proposition. But it is a logic that is not used, because what it tells us is not learned through propositions.—It is a logical proposition; for it does describe the conceptual (linguistic) situation.

52. This situation is thus not the same for a proposition like "At this distance from the sun there is a planet" and "Here is a hand" (namely my own hand). The second can't be called a hypothesis. But there isn't a sharp boundary line between them.

53. So one might grant that Moore was right, if he is interpreted like this: a proposition saying that here is a physical object may have the same logical status as one saying that here is a red patch.

54. For it is not true that a mistake merely gets more and more improbable as we pass from the planet to my own hand. No: at some point it has ceased to be conceivable.
  This is already suggested by the following: if it were not so, it would also be conceivable that we should be wrong in *every* statement about physical objects; that any we ever make are mistaken.

55. So is the *hypothesis* possible, that all the things around us don't exist? Would that not be like the hypothesis of our having miscalculated in all our calculations?

56. When one says: "Perhaps this planet doesn't exist and the light-phenomenon arises in some other way", then after all one needs an example of an object which does exist. This doesn't exist,—as *for example* does. . . .
  Or are we to say that *certainty* is merely a constructed point to which some things approximate more, some less closely? No. Doubt gradually loses its sense. This language-game just *is* like that.
  And everything descriptive of a language-game is part of logic.

57. Now might not "I *know*, I am not just surmising, that here is my hand" be conceived as a proposition of grammar? Hence *not* temporally.—
  But in that case isn't it like *this* one: "I know, I am not just surmising, that I am seeing red"?

Und ist die Konsequenz "Also gibt es physikalische Gegenstände" nicht wie die "Also gibt es Farben"?

58. Wird "Ich weiß etc." als grammatischer Satz aufgefaßt, so kann natürlich das "Ich" nicht wichtig sein. Und es heißt eigentlich "Es gibt in diesem Falle keinen Zweifel" oder "Das Wort 'Ich weiß nicht' hat in diesem Falle keinen Sinn". Und daraus folgt freilich auch, daß "Ich *weiß*" keinen hat.

59. "Ich weiß" ist hier eine logische Einsicht. Nur läßt sich der Realismus nicht durch sie beweisen.

60. Es ist falsch zu sagen, daß die 'Hypothese', *dies* sei ein Stück Papier, durch spätere Erfahrung bestätigt oder entkräftet würde, und daß in "Ich weiß, daß das ein Stück Papier ist", das "Ich weiß" sich entweder auf eine solche Hypothese bezieht, oder auf eine logische Bestimmung.

61. ... Eine Bedeutung eines Wortes ist eine Art seiner Verwendung
Denn sie ist das, was wir erlernen, wenn das Wort zuerst unserer Sprache einverleibt wird.

62. Darum besteht eine Entsprechung zwischen den Begriffen 'Bedeutung' und 'Regel'.

63. Stellen wir uns die Tatsachen anders vor als sie sind, so verlieren gewisse Sprachspiele an Wichtigkeit, andere werden wichtig. Und so ändert sich und zwar allmählich der Gebrauch des Vokabulars der Sprache.

64. Die Bedeutung eines Worts vergleiche mit der 'Funktion' eines Beamten. Und 'verschiedene Bedeutungen' mit 'verschiedenen Funktionen'.

65. Wenn sich die Sprachspiele ändern, ändern sich die Begriffe, und mit den Begriffen die Bedeutungen der Wörter.

----

66. Ich mache Behauptungen die Wirklichkeit betreffend mit verschiedenen Graden der Sicherheit. Wie zeigt sich der Grad der Sicherheit? Welche Konsequenzen hat er?
Es kann sich z. B. um Sicherheit des Gedächtnisses, oder der Wahrnehmung handeln. Ich mag meiner Sache sicher sein, aber wissen, welche Prüfung mich eines Irrtums überweisen könnte. Ich bin z. B. der Jahreszahl einer Schlacht ganz sicher, sollte ich aber in einem bekannten Geschichtswerk eine andere Jahreszahl

And isn't the consequence "So there are physical objects" like: "So there are colours"?

58. If "I know etc." is conceived as a grammatical proposition, of course the "I" cannot be important. And it properly means "There is no such thing as a doubt in this case" or "The expression 'I do not know' makes no sense in this case". And of course it follows from this that "I *know*" makes no sense either.

59. "I know" is here a *logical* insight. Only realism can't be proved by means of it.

60. It is wrong to say that the 'hypothesis' that *this* is a bit of paper would be confirmed or disconfirmed by later experience, and that, in "I know that this is a bit of paper," the "I know" either relates to such an hypothesis or to a logical determination.

61. ... A meaning of a word is a kind of employment of it.
For it is what we learn when the word is incorporated into our language.

62. That is why there exists a correspondence between the concepts 'rule' and 'meaning'.

63. If we imagine the facts otherwise than as they are, certain language-games lose some of their importance, while others become important. And in this way there is an alteration—a gradual one—in the use of the vocabulary of a language.

64. Compare the meaning of a word with the 'function' of an official. And 'different meanings' with 'different functions'.

65. When language-games change, then there is a change in concepts, and with the concepts the meanings of words change.

———————

66. I make assertions about reality, assertions which have different degrees of assurance. How does the degree of assurance come out? What consequences has it?
We may be dealing, for example, with the certainty of memory, or again of perception. I may be sure of something, but still know what test might convince me of error. I am e.g. quite sure of the date of a battle, but if I should find a different date in a

finden, so würde ich meine Ansicht ändern und würde dadurch nicht an allem Urteilen irre werden.

67. Könnten wir uns einen Menschen vorstellen, der sich dort immer wieder irrt, wo wir einen Irrtum für ausgeschlossen halten und ihm auch nicht begegnen?

Er sagt z. B. mit der selben Sicherheit (und allen ihrer Zeichen) wie ich, er wohne dort und dort, sei so und so alt, komme von der und der Stadt, etc. irrt sich aber.

Wie aber verhält er sich dann zu diesem Irrtum? Was soll ich annehmen?

68. Die Frage ist: Was soll der Logiker hier sagen?

69. Ich möchte sagen: "Wenn ich mich *darin* irre, so habe ich keine Gewähr, daß irgend etwas, was ich sage, wahr ist." Aber ein Andrer wird das darum nicht von mir sagen, noch ich von einem Andern.

70. Ich habe seit Monaten an der Adresse A gewohnt, den Straßennamen und die Hausnummer unzählige Male gelesen, unzählige Briefe hier erhalten und unzähligen Leuten die Adresse gegeben. Irre ich mich darin, so ist dieser Irrtum kaum geringer, als wenn ich (fälschlich) glaubte, ich schriebe Chinesisch und nicht Deutsch.

71. Wenn mein Freund sich eines Tages einbildete, seit langem da und da gelebt zu haben, etc. etc., so würde ich das keinen *Irrtum* nennen, sondern eine, vielleicht vorübergehende, Geistesstörung.

72. Nicht jeder fälschliche Glaube dieser Art ist ein Irrtum.

73. Was aber ist der Unterschied zwischen Irrtum und Geistesstörung? Oder wie unterscheidet es sich, wenn ich etwas als Irrtum, und als Geistesstörung behandle?

74. Kann man sagen: Ein *Irrtum* hat nicht nur eine Ursache, sondern auch einen Grund? D. h. ungefähr: er läßt sich in das richtige Wissen des Irrenden einordnen.

75. Wäre das richtig: Wenn ich bloß fälschlich glaubte, daß hier vor mir ein Tisch steht, so könnte das noch ein Irrtum sein; wenn ich aber fälschlich glaube, daß ich diesen oder einen solchen Tisch seit mehreren Monaten täglich gesehen und ständig benützt habe, so ist das kein Irrtum?

recognized work of history, I should alter my opinion, and this would not mean I lost all faith in judging.

67. Could we imagine a man who keeps on making mistakes where we regard a mistake as ruled out, and in fact never encounter one?

E.g. he says he lives in such and such a place, is so and so old, comes from such and such a city, and he speaks with the same certainty (giving all the tokens of it) as I do, but he is wrong.

But what is his relation to this error? What am I to suppose?

68. The question is: what is the logician to say here?

69. I should like to say: "If I am wrong about *this*, I have no guarantee that anything I say is true." But others won't say that about me, nor will I say it about other people.

70. For months I have lived at address A, I have read the name of the street and the number of the house countless times, have received countless letters here and given countless people the address. If I am wrong about it, the mistake is hardly less than if I were (wrongly) to believe I was writing Chinese and not German.

71. If my friend were to imagine one day that he had been living for a long time past in such and such a place, etc. etc., I should not call this a *mistake*, but rather a mental disturbance, perhaps a transient one.

72. Not every false belief of this sort is a mistake.

73. But what is the difference between mistake and mental disturbance? Or what is the difference between my treating it as a mistake and my treating it as mental disturbance?

74. Can we say: a *mistake* doesn't only have a cause, it also has a ground? I.e., roughly: when someone makes a mistake, this can be fitted into what he knows aright.

75. Would this be correct: If I merely believed wrongly that there is a table here in front of me, this might still be a mistake; but if I believe wrongly that I have seen this table, or one like it, every day for several months past, and have regularly used it, that isn't a mistake?

76. Mein Ziel muß es natürlich sein, anzugeben, welche Aussagen man hier machen möchte, aber nicht sinnvoll machen kann.

77. Ich werde eine Multiplikation zur Sicherheit vielleicht zweimal rechnen, vielleicht sie von einem Andern nachrechnen lassen. Aber werde ich sie zwanzigmal nachrechnen, oder sie von zwanzig Leuten nachrechnen lassen? Und ist das eine gewisse Fahrlässigkeit? Wäre die Sicherheit bei zwanzigfacher Nachprüfung wirklich größer?!

78. Und kann ich dafür einen *Grund* angeben, daß sie's nicht ist?

79. Daß ich ein Mann und keine Frau bin, kann verifiziert werden, aber wenn ich sagte, ich sei eine Frau, und den Irrtum damit erklären wollte, daß ich die Aussage nicht geprüft habe, würde man die Erklärung nicht gelten lassen.

80. Man prüft an der *Wahrheit* meiner Aussagen mein *Verständnis* dieser Aussagen.

81. D. h.: wenn ich gewisse falsche Aussagen mache, wird es dadurch unsicher, ob ich sie verstehe.

82. Was als ausreichende Prüfung einer Aussage gilt,—gehört zur Logik. Es gehört zur Beschreibung des Sprachspiels.

83. Die *Wahrheit* gewisser Erfahrungssätze gehört zu unserm Bezugssystem.

84. Moore sagt, er *wisse*, daß die Erde lange vor seiner Geburt existiert habe. Und so ausgedrückt scheint es eine Aussage über seine Person zu sein, wenn es auch außerdem eine Aussage über die physikalische Welt ist. Es ist nun philosophisch uninteressant, ob Moore dies oder jenes weiß, aber interessant, daß, und wie es gewußt werden kann. Hätte Moore uns mitgeteilt, er wisse die Entfernung gewisser Sterne von einander, so könnten wir daraus schließen, daß er besondere Untersuchungen angestellt habe, und wir werden nun erfahren wollen, welche Untersuchungen. Aber Moore wählt gerade einen Fall, in dem wir Alle zu wissen scheinen, was er weiß, und ohne sagen zu können, wie. Ich glaube z. B. ebensoviel von dieser Sache (der Existenz der Erde) zu wissen, wie Moore, und wenn er weiß daß es sich so verhält, wie er sagt, so weiß *ich's* auch. Denn es ist auch nicht so als

76. Naturally, my aim must be to say what the statements one would like to make here, but cannot make significantly.

77. Perhaps I shall do a multiplication twice to make sure, or perhaps get someone else to work it over. But shall I work it over again twenty times, or get twenty people to go over it? And is that some sort of negligence? Would the certainty really be greater for being checked twenty times?

78. And can I give a *reason* why it isn't?

79. That I am a man and not a woman can be verified, but if I were to say I was a woman, and then tried to explain the error by saying I hadn't checked the statement, the explanation would not be accepted.

80. The *truth* of my statements is the test of my *understanding* of these statements.

81. That is to say: if I make certain false statements, it becomes uncertain whether I understand them.

82. What counts as an adequate test of a statement belongs to logic. It belongs to the description of the language-game.

83. The *truth* of certain empirical propositions belongs to our frame of reference.

84. Moore says he *knows* that the earth existed long before his birth. And put like that it seems to be a personal statement about him, even if it is in addition a statement about the physical world. Now it is philosophically uninteresting whether Moore knows this or that, but it is interesting that, and how, it can be known. If Moore had informed us that he knew the distance separating certain stars, we might conclude from that that he had made some special investigations, and we shall want to know what these were. But Moore chooses precisely a case in which we all seem to know the same as he, and without being able to say how. I believe e.g. that I know as much about this matter (the existence of the earth) as Moore does, and if he knows that it is as he says, then *I* know it too. For it isn't, either, as if he had arrived at his proposition

hätte er seinen Satz auf einem Gedankenweg erreicht, der mir zwar zugänglich, aber von mir nicht begangen worden ist.

85. Und was gehört nun dazu, daß Einer dies wisse? Kenntnis der Geschichte etwa? Er muß wissen, was es heißt: die Erde habe schon so und so lange existiert. Denn das muß nicht jeder Erwachsene und Gescheite wissen. Wir sehen Menschen Häuser bauen und zerstören, und werden zu der Frage geleitet "Wie lange steht dieses Haus schon?". Aber wie kommt man darauf dies von einem Berg, z. B., zu fragen? Und haben denn alle Menschen den Begriff 'die Erde', als einen *Körper*, der entstehen und vergehen kann? Warum soll ich mir nicht die Erde als flach, aber in jeder Richtung (auch der Tiefe) ohne Ende denken? Aber dann könnte man immerhin sagen "Ich weiß, daß dieser Berg lange vor meiner Geburt existiert hat."—Wie aber, wenn ich einen Menschen träfe, der dies nicht glaubt?

86. Wie wenn man in Moore's Sätzen "Ich weiß" durch "Ich bin der unerschütterlichen Überzeugung" ersetzte?

87. Kann ein Behauptungssatz, der als Hypothese funktionieren könnte, nicht auch als ein Grundsatz des Forschens und Handelns gebraucht werden? D. h., kann er nicht einfach dem Zweifel entzogen sein, wenn auch nicht einer ausgesprochenen Regel gemäß? Er wird einfach als eine Selbstverständlichkeit hingenommen, nie in Frage gezogen, ja vielleicht nie ausgesprochen.

88. Es kann z. B. sein, daß *unser ganzes Forschen* so eingestellt ist, daß dadurch gewisse Sätze, wenn sie je ausgesprochen werden, abseits allen Zweifels stehen. Sie liegen abseits von der Straße auf der sich das Forschen bewegt.

89. Man möchte sagen: "Alles spricht dafür und nichts dagegen, daß die Erde lange vor meiner Geburt . . ."
Aber könnte ich nicht doch das Gegenteil glauben? Aber die Frage ist: wie würde sich dieser Glaube praktisch betätigen?— Vielleicht sagt Einer: "Darauf kommt's nicht an. Ein Glaube ist, was er ist, ob er sich praktisch betätigt, oder nicht." Man denkt sich: Er ist allemal die gleiche Einstellung des menschlichen Geistes.

90. "Ich weiß" hat eine primitive Bedeutung ähnlich und verwandt der von "Ich sehe". ("Wissen", "videre".) Und "Ich wußte, daß er im Zimmer war, aber er war nicht im Zimmer" ist ähnlich wie "Ich sah ihn im Zimmer, aber er war nicht da".

by pursuing some line of thought which, while it is open to me, I have not in fact pursued.

85. And what goes into someone's knowing this? Knowledge of history, say? He must know what it means to say: the earth has already existed for such and such a length of time. For not *any* intelligent adult must know that. We see men building and demolishing houses, and are led to ask: "How long has this house been here?" But how does one come on the idea of asking this about a mountain, for example? And have all men the notion of the earth as a *body*, which may come into being and pass away? Why shouldn't I think of the earth as flat, but extending without end in every direction (including depth)? But in that case one might still say "I know that this mountain existed long before my birth."—But suppose I met a man who didn't believe that?

86. Suppose I replaced Moore's "I know" by "I am of the unshakeable conviction"?

87. Can't an assertoric sentence, which was capable of functioning as an hypothesis, also be used as a foundation for research and action? I.e. can't it simply be isolated from doubt, though not according to any explicit rule? It simply gets assumed as a truism, never called in question, perhaps not even ever formulated.

88. It may be for example that *all enquiry on our part* is set so as to exempt certain propositions from doubt, if they are ever formulated. They lie apart from the route travelled by enquiry.

89. One would like to say: "Everything speaks for, and nothing against the earth's having existed long before. . . ."
Yet might I not believe the contrary after all? But the question is: What would the practical effects of this belief be?—Perhaps someone says: "That's not the point. A belief is what it is whether it has any practical effects or not." One thinks: It is the same adjustment of the human mind anyway.

90. "I know" has a primitive meaning similar to and related to "I see" ("wissen", "videre"). And "I knew he was in the room, but he wasn't in the room" is like "I saw him in the room, but he wasn't there". "I know" is supposed to express a relation, not

"Ich weiß" soll eine Beziehung ausdrücken, nicht zwischen mir und einem Satzsinn (wie "Ich glaube"), sondern zwischen mir und einer Tatsache. So daß die *Tatsache* in mein Bewußtsein aufgenommen wird. (Hier ist auch der Grund, warum man sagen will, man *wisse* eigentlich nicht, was in der Außenwelt, sondern nur was im Reich der sogenannten Sinnesdaten geschieht.) Ein Bild des Wissens wäre dann das Wahrnehmen eines äußern Vorgangs durch Sehstrahlen, die ihn, wie er ist, in's Auge und Bewußtsein projizieren. Nur ist sofort die Frage, ob man denn dieser Projektion auch sicher sein könne. Und dieses Bild zeigt zwar die *Vorstellung*, die wir uns vom Wissen machen, aber nicht eigentlich, was ihr zu Grunde liegt.

91. Wenn Moore sagt, er wisse, daß die Erde existiert habe etc., so werden ihn die meisten von uns darin recht geben, daß sie so lange existiert hat, und ihm auch glauben, daß er davon überzeugt ist. Aber hat er auch den richtigen *Grund* zu seiner Überzeugung? Denn, wenn nicht, so *weiß* er es doch nicht (Russell).

92. Man kann aber fragen: "Kann Einer einen triftigen Grund haben, zu glauben, die Erde existiere erst seit kurzem, etwa erst seit seiner Geburt?"—Angenommen, es wäre ihm immer so gesagt worden,—hätte er einen guten Grund es zu bezweifeln? Menschen haben geglaubt, sie könnten Regen machen; warum sollte ein König nicht in dem Glauben erzogen werden, mit ihm habe die Welt begonnen? Und wenn nun Moore und dieser König zusammenkämen und diskutierten, könnte Moore wirklich seinen Glauben als den richtigen erweisen? Ich sage nicht, daß Moore den König nicht zu seiner Anschauung bekehren könnte, aber es wäre eine Bekehrung besonderer Art: der König würde dazu gebracht, die Welt anders zu betrachten.

Bedenke, daß man von der *Richtigkeit* einer Anschauung manchmal durch ihre *Einfachheit*, oder *Symmetrie* überzeugt wird, d. h.: dazu gebracht wird, zu dieser Anschauung überzugehen. Man sagt dann etwa einfach: "*So* muß es sein."

93. Die Sätze, die darstellen, was Moore '*weiß*', sind alle solcher Art, daß man sich schwer vorstellen kann, *warum* Einer das Gegenteil glauben sollte. Z. B. der Satz, daß Moore sein ganzes Leben in geringer Entfernung von der Erde verbracht hat.— Wieder kann ich hier von mir selber statt von Moore reden. Was könnte mich dazu bringen, das Gegenteil davon zu glauben? Entweder eine Erinnerung, oder daß es mir gesagt wurde.—

between me and the sense of a proposition (like "I believe") but between me and a fact. So that the *fact* is taken into my consciousness. (Here is the reason why one wants to say that nothing that goes on in the outer world is really known, but only what happens in the domain of what are called sense-data.) This would give us a picture of knowing as the perception of an outer event through visual rays which project it as it is into the eye and the consciousness. Only then the question at once arises whether one can be *certain* of this projection. And this picture does indeed show how our *imagination* presents knowledge, but not what lies at the bottom of this presentation.

91. If Moore says he knows the earth existed etc., most of us will grant him that it has existed all that time, and also believe him when he says he is convinced of it. But has he also got the right *ground* for his conviction? For if not, then after all he doesn't *know* (Russell).

92. However, we can ask: May someone have telling grounds for believing that the earth has only existed for a short time, say since his own birth?—Suppose he had always been told that,— would he have any good reason to doubt it? Men have believed that they could make rain; why should not a king be brought up in the belief that the world began with him? And if Moore and this king were to meet and discuss, could Moore really prove his belief to be the right one? I do not say that Moore could not convert the king to his view, but it would be a conversion of a special kind; the king would be brought to look at the world in a different way.

Remember that one is sometimes convinced of the *correctness* of a view by its *simplicity* or *symmetry*, i.e, these are what induce one to go over to this point of view. One then simply says something like: "*That's* how it must be."

93. The propositions presenting what Moore '*knows*' are all of such a kind that it is difficult to imagine *why* anyone should believe the contrary. E.g. the proposition that Moore has spent his whole life in close proximity to the earth.—Once more I can speak of myself here instead of speaking of Moore. What could induce me to believe the opposite? Either a memory, or having been told.—

Alles was ich gesehen oder gehört habe macht mich der Überzeugung, daß kein Mensch sich je weit von der Erde entfernt hat. Nichts spricht in meinem Weltbild für das Gegenteil.

94. Aber mein Weltbild habe ich nicht, weil ich mich von seiner Richtigkeit überzeugt habe; auch nicht weil ich von seiner Richtigkeit überzeugt bin. Sondern es ist der überkommene Hintergrund, auf welchem ich zwischen wahr und falsch unterscheide.

95. Die Sätze, die dies Weltbild beschreiben, könnten zu einer Art Mythologie gehören. Und ihre Rolle ist ähnlich der von Spielregeln, und das Spiel kann man auch rein praktisch, ohne ausgesprochene Regeln lernen.

96. Man könnte sich vorstellen, daß gewisse Sätze von der Form der Erfahrungssätze erstarrt wären und als Leitung für die nicht erstarrten, flüssigen Erfahrungssätze funktionierten; und daß sich dies Verhältnis mit der Zeit änderte, indem flüssige Sätze erstarrten und feste flüssig würden.

97. Die Mythologie kann wieder in Fluß geraten, das Flußbett der Gedanken sich verschieben. Aber ich unterscheide zwischen der Bewegung des Wassers im Flußbett und der Verschiebung dieses; obwohl es eine scharfe Trennung der beiden nicht gibt.

98. Wenn aber Einer sagte "Also ist auch die Logik eine Erfahrungswissenschaft", so hätte er unrecht. Aber dies ist richtig, daß der gleiche Satz einmal als von der Erfahrung zu prüfen, einmal als Regel der Prüfung behandelt werden kann.

99. Ja das Ufer jenes Flusses besteht zum Teil aus hartem Gestein, das keiner, oder einer unmerkbaren Änderung unterliegt, und teils aus Sand, der bald hier bald dort weg- und angeschwemmt wird.

100. Die Wahrheiten, von denen Moore sagt, er wisse sie, sind solche, die, beiläufig gesprochen, wir Alle wissen, wenn er sie weiß.

101. So ein Satz könnte z. B. sein: "Mein Körper ist nie verschwunden und nach einiger Zeit wieder aufgetaucht."

102. Könnte ich nicht glauben, daß ich einmal, ohne es zu wissen, etwa im bewußtlosen Zustand, weit von der Erde

Everything that I have seen or heard gives me the conviction that no man has ever been far from the earth. Nothing in my picture of the world speaks in favour of the opposite.

94. But I did not get my picture of the world by satisfying myself of its correctness; nor do I have it because I am satisfied of its correctness. No: it is the inherited background against which I distinguish between true and false.

95. The propositions describing this world-picture might be part of a kind of mythology. And their role is like that of rules of a game; and the game can be learned purely practically, without learning any explicit rules.

96. It might be imagined that some propositions, of the form of empirical propositions, were hardened and functioned as channels for such empirical propositions as were not hardened but fluid; and that this relation altered with time, in that fluid propositions hardened, and hard ones became fluid.

97. The mythology may change back into a state of flux, the river-bed of thoughts may shift. But I distinguish between the movement of the waters on the river-bed and the shift of the bed itself; though there is not a sharp division of the one from the other.

98. But if someone were to say "So logic too is an empirical science" he would be wrong. Yet this is right: the same proposition may get treated at one time as something to test by experience, at another as a rule of testing.

99. And the bank of that river consists partly of hard rock, subject to no alteration or only to an imperceptible one, partly of sand, which now in one place now in another gets washed away, or deposited.

100. The truths which Moore says he knows, are such as, roughly speaking, all of us know, if he knows them.

101. Such a proposition might be e.g. "My body has never disappeared and reappeared again after an interval."

102. Might I not believe that once, without knowing it, perhaps in a state of unconsciousness, I was taken far away from the earth

entfernt war, ja, daß Andre dies wissen, es mir aber nicht sagen? Aber dies würde gar nicht zu meinen übrigen Überzeugungen passen. Nicht, als ob ich das System dieser Überzeugungen beschreiben könnte. Aber meine Überzeugungen bilden ein System, ein Gebäude.

103. Und wenn ich nun sagte "Es ist meine unerschütterliche Überzeugung, daß etc.", so heißt das in unserm Falle auch, daß ich nicht bewußt durch bestimmte Gedankengänge zu der Überzeugung gelangt bin, sondern, daß sie solchermaßen in allen meinen *Fragen und Antworten* verankert ist, daß ich nicht an sie rühren kann.

104. Ich bin z. B. auch davon überzeugt, daß die Sonne kein Loch im Himmelsgewölbe ist.

105. Alle Prüfung, alles Bekräften und Entkräften einer Annahme geschieht schon innerhalb eines Systems. Und zwar ist dies System nicht ein mehr oder weniger willkürlicher und zweifelhafter Anfangspunkt aller unsrer Argumente, sondern es gehört zum Wesen dessen, was wir ein Argument nennen. Das System ist nicht so sehr der Ausgangspunkt, als das Lebenselement der Argumente.

106. Ein Erwachsener hätte einem Kind erzählt, er wäre auf dem Mond gewesen. Das Kind erzählt mir das und ich sage, es sei nur ein Scherz gewesen, so und so sei nicht auf dem Mond gewesen; niemand sei auf dem Mond gewesen; der Mond sei weit, weit von uns entfernt und man könne nicht hinaufsteigen oder hinfliegen.—Wenn nun das Kind darauf beharrte: es gebe vielleicht doch eine Art wie man hinkommen könne und sie sei mir nur nicht bekannt, etc.—was könnte ich erwidern? Was könnte ich Erwachsenen eines Volksstamms erwidern, die glauben Leute kämen manchmal auf den Mond (vielleicht deuten sie ihre Träume so) und die allerdings zugeben, man könnte nicht mit gewöhnlichen Mitteln hinaufsteigen oder hinfliegen?—Ein Kind wird aber für gewöhnlich nicht an so einem Glauben festhalten und bald von dem überzeugt werden was wir ihm im Ernst sagen.

107. Ist dies nicht ganz so, wie man einem Kind den Glauben an einen Gott, oder daß es keinen Gott gibt, beibringen kann, und es jenachdem für das eine, oder andere triftig scheinende Gründe wird vorbringen können?

16

—that other people even know this, but do not mention it to me? But this would not fit into the rest of my convictions at all. Not that I could describe the system of these convictions. Yet my convictions do form a system, a structure.

103. And now if I were to say "It is my unshakeable conviction that etc.", this means in the present case too that I have not consciously arrived at the conviction by following a particular line of thought, but that it is anchored in all my *questions and answers*, so anchored that I cannot touch it.

104. I am for example also convinced that the sun is not a hole in the vault of heaven.

105. All testing, all confirmation and disconfirmation of a hypothesis takes place already within a system. And this system is not a more or less arbitrary and doubtful point of departure for all our arguments: no, it belongs to the essence of what we call an argument. The system is not so much the point of departure, as the element in which arguments have their life.

106. Suppose some adult had told a child that he had been on the moon. The child tells me the story, and I say it was only a joke, the man hadn't been on the moon; no one has ever been on the moon; the moon is a long way off and it is impossible to climb up there or fly there.—If now the child insists, saying perhaps there is a way of getting there which I don't know, etc. what reply could I make to him? What reply could I make to the adults of a tribe who believe that people sometimes go to the moon (perhaps that is how they interpret their dreams), and who indeed grant that there are no ordinary means of climbing up to it or flying there?—But a child will not ordinarily stick to such a belief and will soon be convinced by what we tell him seriously.

107. Isn't this altogether like the way one can instruct a child to believe in a God, or that none exists, and it will accordingly be able to produce apparently telling grounds for the one or the other?

108. "Aber gibt es denn da keine objektive Wahrheit? Ist es nicht wahr, oder aber falsch, daß jemand auf dem Mond war?" Wenn wir in unserm System denken, so ist es gewiß, daß kein Mensch je auf dem Mond war. Nicht nur ist uns so etwas nie im Ernst von vernünftigen Leuten berichtet worden, sondern unser ganzes System der Physik verbietet uns es zu glauben. Denn diese verlangt Antworten auf die Fragen: "Wie hat er die Schwerkraft überwunden?", "Wie konnte er ohne Atmosphäre leben?" und tausend andere, die nicht zu beantworten wären. Wie aber wenn uns statt allen diesen Antworten entgegnet würde: "Wir wissen nicht, *wie* man auf den Mond kommt, aber die dorthin kommen, erkennen sofort, daß sie dort sind; und auch du kannst ja nicht alles erklären." Von Einem, der dies sagte, würden wir uns geistig sehr entfernt fühlen.

109. "Ein Erfahrungssatz läßt sich *prüfen*" (sagen wir). Aber wie? und wodurch?

110. Was *gilt* als seine Prüfung?—"Aber ist dies eine ausreichende Prüfung? Und, wenn ja, muß sie nicht in der Logik als solche erkannt werden?"—Als ob die Begründung nicht einmal zu Ende käme. Aber das Ende ist nicht die unbegründete Voraussetzung, sondern die unbegründete Handlungsweise.

111. "Ich *weiß*, daß ich nie auf dem Mond war."—Das klingt ganz anders unter den tatsächlichen Umständen, als es klänge, wenn manche Menschen auf dem Mond gewesen wären und vielleicht mancher, ohne es selbst zu wissen. In *diesem* Falle könnte man Gründe für dies Wissen angeben. Ist hier nicht ein ähnliches Verhältnis, wie zwischen der allgemeinen Regel des Multiplizierens und gewissen ausgeführten Multiplikationen?

Ich will sagen: Daß ich nicht auf dem Mond gewesen bin, steht für mich *ebenso* fest wie irgend eine Begründung dafür feststehen kann.

112. Und ist nicht das, was Moore sagen will, wenn er sagt er *wisse* alle jene Dinge?—Aber handelt sich's wirklich darum, daß er's weiß, und nicht darum, daß gewisse dieser Sätze für uns feststehen müssen?

113. Wenn Einer uns Mathematik lehren will, wird er nicht damit anfangen, uns zu versichern, er *wisse*, daß $a+b = b+a$ ist.

114. Wer keiner Tatsache gewiß ist, der kann auch des Sinnes seiner Worte nicht gewiß sein.

108. "But is there then no objective truth? Isn't it true, or false, that someone has been on the moon?" If we are thinking within our system, then it is certain that no one has ever been on the moon. Not merely is nothing of the sort ever seriously reported to us by reasonable people, but our whole system of physics forbids us to believe it. For this demands answers to the questions "How did he overcome the force of gravity?" "How could he live without an atmosphere?" and a thousand others which could not be answered. But suppose that instead of all these answers we met the reply: "We don't know *how* one gets to the moon, but those who get there know at once that they are there; and even you can't explain everything." We should feel ourselves intellectually very distant from someone who said this.

109. "An empirical proposition can be *tested*" (we say). But how? and through what?

110. What *counts* as its test?—"But is this an adequate test? And, if so, must it not be recognizable as such in logic?"—As if giving grounds did not come to an end sometime. But the end is not an ungrounded presupposition: it is an ungrounded way of acting.

111. "I *know* that I have never been on the moon." That sounds quite different in the circumstances which actually hold, to the way it would sound if a good many men had been on the moon, and some perhaps without knowing it. In *this* case one could give grounds for this knowledge. Is there not a relationship here similar to that between the general rule of multiplying and particular multiplications that have been carried out?

I want to say: my not having been on the moon is as sure a thing for me as any grounds I could give for it.

112. And isn't that what Moore wants to say, when he says he *knows* all these things?—But is his knowing it really what is in question, and not rather that some of these propositions must be solid for us?

113. When someone is trying to teach us mathematics, he will not begin by assuring us that he *knows* that a + b = b + a.

114. If you are not certain of any fact, you cannot be certain of the meaning of your words either.

115. Wer an allem zweifeln wollte, der würde auch nicht bis zum Zweifel kommen. Das Spiel des Zweifelns selbst setzt schon die Gewißheit voraus.

116. Hatte Moore, statt "Ich weiß . . .", nicht sagen können "Es steht für mich fest, daß . . ."? Ja auch: "Es steht für mich und viele Andre fest. . . ."

117. Warum ist es mir nicht möglich, daran zu zweifeln, daß ich nie auf dem Mond war? Und wie könnte ich versuchen es zu tun?

Vor allem schiene mir die Annahme, vielleicht sei ich doch dort gewesen, *müßig*. Nichts würde daraus folgen, dadurch erklärt werden. Sie hinge mit nichts in meinem Leben zusammen.

Wenn ich sage "Nichts spricht dafür und alles dagegen" so setzt dies schon ein Prinzip des Dafür- und Dagegensprechens voraus. D. h. ich muß sagen können, was dafür *spräche*.

118. Wäre es nun richtig zu sagen: Niemand hat bisher meinen Schädel geöffnet um zu sehen, ob ein Gehirn drin ist; aber alles spricht dafür und nichts dagegen, daß man eins drin finden würde?

119. Kann man aber auch sagen: Nichts spricht dagegen und alles dafür, daß der Tisch dort auch dann vorhanden ist, wenn niemand ihn sieht? Was spricht denn dafür?

120. Wenn aber nun Einer es bezweifelte, wie würde sich sein Zweifel praktisch zeigen? Und könnten wir ihn nicht ruhig zweifeln lassen, da es ja gar keinen Unterschied macht?

121. Kann man sagen: "Wo kein Zweifel, da auch kein Wissen"?

122. Braucht man zum Zweifel nicht Gründe?

123. Wohin ich schaue, ich finde keinen Grund, daran zu zweifeln, daß. . . .

124. Ich will sagen: Wir verwenden Urteile als Prinzip(e) des Urteilens.

125. Wenn mich ein Blinder fragte "Hast Du zwei Hände?", so würde ich mich nicht durch Hinschauen davon vergewissern. Ja ich weiß nicht, warum ich meinen Augen trauen sollte, wenn ich überhaupt dran zweifelte. Ja warum soll ich nicht meine

115. If you tried to doubt everything you would not get as far as doubting anything. The game of doubting itself presupposes certainty.

116. Instead of "I know . . .", couldn't Moore have said: "It stands fast for me that . . ."? And further: "It stands fast for me and many others. . . ."

117. Why is it not possible for me to doubt that I have never been on the moon? And how could I try to doubt it?

First and foremost, the supposition that perhaps I have been there would strike me as *idle*. Nothing would follow from it, nothing be explained by it. It would not tie in with anything in my life.

When I say "Nothing speaks for, everything against it," this presupposes a principle of speaking for and against. That is, I must be able to say what *would* speak for it.

118. Now would it be correct to say: So far no one has opened my skull in order to see whether there is a brain inside; but everything speaks for, and nothing against, its being what they would find there?

119. But can it also be said: Everything speaks for, and nothing against the table's still being there when no one sees it? For what does speak for it?

120. But if anyone were to doubt it, how would his doubt come out in practice? And couldn't we peacefully leave him to doubt it, since it makes no difference at all?

121. Can one say: "Where there is no doubt there is no knowledge either"?

122. Doesn't one need grounds for doubt?

123. Wherever I look, I find no ground for doubting that. . . .

124. I want to say: We use judgments as principles of judgment.

125. If a blind man were to ask me "Have you got two hands?" I should not make sure by looking. If I were to have any doubt of it, then I don't know why I should trust my eyes. For why shouldn't I test my *eyes* by looking to find out whether I see my

Augen damit prüfen, daß ich schaue, ob ich beide Hände sehe?
Was ist *wodurch* zu prüfen?! (Wer entscheidet darüber *was* feststeht?)

Und was bedeutet die Aussage, daß das und das stehe fest?

126. Ich bin der Bedeutung meiner Worte nicht gewisser, als bestimmten Urteile. Kann ich zweifeln, daß diese Farbe "blau" heißt?

(Meine) Zweifel bilden ein System.

127. Denn wie weiß ich, daß Einer zweifelt? Wie weiß ich, daß er die Worte "Ich zweifle daran" so gebraucht wie ich?

128. Ich habe von Kind auf so urteilen gelernt. *Das ist* Urteilen.

129. So habe ich urteilen gelernt; *das* als Urteil kennen gelernt.

130. Aber ist es nicht die Erfahrung, die uns lehrt *so* zu urteilen, d. h., daß es richtig ist so zu urteilen? Aber wie *lehrt's* uns die Erfahrung? *Wir* mögen es aus ihr entnehmen, aber die Erfahrung rät uns nicht, etwas aus ihr zu entnehmen. Ist sie der *Grund*, daß wir so urteilen (und nicht bloß die Ursache) so haben wir nicht wieder einen Grund dafür, dies als Grund anzusehen.

131. Nein, die Erfahrung ist nicht der Grund für unser Urteilspiel. Und auch nicht sein ausgezeichneter Erfolg.

132. Menschen haben geurteilt, ein König könne Regen machen; *wir* sagen dies widerspräche aller Erfahrung. Heute urteilt man, Aeroplan, Radio, etc. seien Mittel zur Annäherung der Völker und Ausbreitung von Kultur.

133. Unter gewöhnlichen Umständen überzeuge ich mich nicht durch den Augenschein, ob ich zwei Hände habe. *Warum* nicht? Hat Erfahrung es als unnötig erwiesen? Oder (auch): Haben wir, auf irgend eine Weise, ein allgemeines Gesetz der Induktion gelernt, und vertrauen ihm nun auch hier?—Aber warum sollen wir erst *ein allgemeines* Gesetz gelernt haben und nicht gleich das spezielle?

134. Wenn ich ein Buch in eine Lade lege, so nehme ich nun an, es sei darin, es sei denn. . . . "Die Erfahrung gibt mir immer recht. Es ist noch kein gut beglaubigter Fall vorgekommen, daß ein Buch (einfach) verschwunden wäre." Es ist *oft* vorgekommen,

two hands? *What* is to be tested by *what*? (Who decides *what* stands fast?)

And what does it mean to say that such and such stands fast?

126. I am not more certain of the meaning of my words than I am of certain judgments. Can I doubt that this colour is called "blue"?

(My) doubts form a system.

127. For how do I know that someone is in doubt? How do I know that he uses the words "I doubt it" as I do?

128. From a child up I learnt to judge like this. *This is* judging.

129. This is how I learned to judge; *this* I got to know *as* judgment.

130. But isn't it experience that teaches us to judge like *this*, that is to say, that it is correct to judge like this? But how does experience *teach* us, then? *We* may derive it from experience, but experience does not direct us to derive anything from experience. If it is the *ground* of our judging like this, and not just the cause, still we do not have a ground for seeing this in turn as a ground.

131. No, experience is not the ground for our game of judging. Nor is its outstanding success.

132. Men have judged that a king can make rain; *we* say this contradicts all experience. Today they judge that aeroplanes and the radio etc. are means for the closer contact of peoples and the spread of culture.

133. Under ordinary circumstances I do not satisfy myself that I have two hands by seeing how it looks. *Why* not? Has experience shown it to be unnecessary? Or (again): Have we in some way learnt a universal law of induction, and do we trust it here too?— But why should we have learnt one *universal* law first, and not the special one straight away?

134. After putting a book in a drawer, I assume it is there, unless.... "Experience always proves me right. There is no well attested case of a book's (simply) disappearing." It has *often* happened that a book has never turned up again, although we

daß sich ein Buch nie mehr gefunden hat, obwohl wir sicher zu wissen glaubten, wo es war.—Aber die Erfahrung lehrt doch wirklich, daß ein Buch, z. B., nicht verschwindet. (Z. B. nicht nach und nach verdunstet.)—Aber ist es diese Erfahrung mit Büchern, etc., die uns annehmen läßt, das Buch sei nicht verschwunden? Nun, angenommen, wir fänden, daß unter bestimmten neuen Umständen Bücher verschwänden,—würden wir nicht unsre Annahme ändern? Kann man die Wirkung der Erfahrung auf unser System von Annahmen leugnen?

135. Aber folgen wir nicht einfach dem Prinzip, daß, was *immer* geschehen ist, auch wieder geschehen wird (oder etwas ähnlichem)?—Was heißt es, diesem Prinzip folgen? Bringen wir es wirklich in unser Raisonnement? Oder ist es nur das *Naturgesetz*, dem scheinbar unser Schließen folgt? Das letztere mag es sein. Ein Glied in unsrer Überlegung ist es nicht.

136. Wenn Moore sagt, er *wisse* das und das, so zählt er wirklich lauter Erfahrungssätze auf, die wir ohne besondere Prüfung bejahen, also Sätze, die im System unsrer Erfahrungssätze eine eigentümliche logische Rolle spielen.

137. Auch wenn der Glaubwürdigste mich versichert, er *wisse*, es sei so und so, so kann dies allein mich nicht davon überzeugen, daß er es weiß. Nur, daß er es zu wissen glaubt. Darum kann Moore's Versicherung, er wisse . . ., uns nicht interessieren. Die Sätze aber, welche Moore als Beispiele solcher gewußten Wahrheiten aufzählt sind allerdings interessant. Nicht weil jemand ihre Wahrheit weiß, oder sie zu wissen glaubt, sondern weil sie alle im System unsrer empirischen Urteile eine *ähnliche* Rolle spielen.

138. Z. B. gelangen wir zu keinem von ihnen durch eine Untersuchung.

Es gibt z. B. historische Untersuchungen, und Untersuchungen über die Gestalt, und auch (über) das Alter der Erde, aber nicht darüber, ob die Erde in den letzten 100 Jahren existiert habe. Freilich, viele von uns hören Berichte, haben Nachricht über diesen Zeitraum von ihren Eltern und Großeltern; aber können sich die nicht irren?—"Unsinn" wird man sagen, "Wie sollen sich denn alle diese Menschen irren!". Aber ist das ein Argument? Ist es nicht einfach die Zurückweisung einer Idee? Und

thought we knew for certain where it was.—But experience does really teach that a book, say, does not vanish away. (E.g. gradually evaporate.) But is it this experience with books etc. that leads us to assume that such a book has not vanished away? Well, suppose we were to find that under particular novel circumstances books did vanish away.—Shouldn't we alter our assumption? Can one give the lie to the effect of experience on our system of assumption?

135. But do we not simply follow the principle that what has always happened will happen again (or something like it)? What does it mean to follow this principle? Do we really introduce it into our reasoning? Or is it merely the *natural law* which our inferring apparently follows? This latter it may be. It is not an item in our considerations.

136. When Moore says he *knows* such and such, he is really enumerating a lot of empirical propositions which we affirm without special testing; propositions, that is, which have a peculiar logical role in the system of our empirical propositions.

137. Even if the most trustworthy of men assures me that he *knows* things are thus and so, this by itself cannot satisfy me that he does know. Only that he believes he knows. That is why Moore's assurance that he knows . . . does not interest us. The propositions, however, which Moore retails as examples of such known truths are indeed interesting. Not because anyone knows their truth, or believes he knows them, but because they all have a *similar* role in the system of our empirical judgments.

138. We don't, for example, arrive at any of them as a result of investigation.
There are e.g. historical investigations and investigations into the shape and also the age of the earth, but not into whether the earth has existed during the last hundred years. Of course many of us have information about this period from our parents and grandparents; but mayn't they be wrong?—"Nonsense!" one will say. "How should all these people be wrong?"—But is that an argument? Is it not simply the rejection of an idea? And

etwa eine Begriffsbestimmung? denn rede ich hier von einem möglichen Irrtum, so ändert das die Rolle die "Irrtum" und "Wahrheit" in userm Leben spielen.

139. Um eine Praxis festzulegen, genügen nicht Regeln, sondern man braucht auch Beispiele. Unsre Regeln lassen Hintertüren offen, und die Praxis muß für sich selbst sprechen.

140. Wir lernen die Praxis des empirischen Urteilens nicht, indem wir Regeln lernen; es werden uns *Urteile* beigebracht, und ihr Zusammenhang mit andern Urteilen. *Ein Ganzes* von Urteilen wird uns plausibel gemacht.

141. Wenn wir anfangen, etwas zu *glauben,* so nicht einen einzelnen Satz, sondern ein ganzes System von Sätzen. (Das Licht geht nach und nach über das Ganze auf.)

142. Nicht einzelne Axiome leuchten mir ein, sondern ein System, worin sich Folgen und Prämissen *gegenseitig* stützen.

143. Es wird mir z. B. erzählt, jemand sei vor vielen Jahren auf diesen Berg gestiegen. Untersuche ich nun immer die Glaubwürdigkeit des Erzählers und ob dieser Berg vor Jahren existiert habe? Ein Kind lernt viel später, daß es glaubwürdige und unglaubwürdige Erzähler gibt, als es Fakten lernt, die ihm erzählt werden. Es lernt, daß jener Berg schon lange existiert habe, *gar nicht*; d. h. die Frage, ob es so sei, kommt gar nicht auf. Es schluckt, sozusagen, diese Folgerung mit dem hinunter, *was* es lernt.

144. Das Kind lernt eine Menge Dinge glauben. D. h. es lernt z. B. nach diesem Glauben handeln. Es bildet sich nach und nach ein System von Geglaubtem heraus und darin steht manches unverrückbar fest, manches ist mehr oder weniger beweglich. Was feststeht, tut dies nicht, weil es an sich offenbar oder einleuchtend ist, sondern es wird von dem, was darum herum liegt, festgehalten.

145. Man will sagen "*Alle* meine Erfahrungen zeigen, daß es so ist". Aber wie tun sie das? Denn jener Satz, auf den sie zeigen, gehört auch zu ihrer besondern Interpretation.

"Daß ich diesen Satz als sicher wahr betrachte, kennzeichnet auch meine Interpretation der Erfahrung."

perhaps the determination of a concept? For if I speak of a possible mistake here, this changes the role of "mistake" and "truth" in our lives.

139. Not only rules, but also examples are needed for establishing a practice. Our rules leave loop-holes open, and the practice has to speak for itself.

140. We do not learn the practice of making empirical judgments by learning rules: we are taught *judgments* and their connexion with other judgments. *A totality* of judgments is made plausible to us.

141. When we first begin to *believe* anything, what we believe is not a single proposition, it is a whole system of propositions. (Light dawns gradually over the whole.)

142. It is not single axioms that strike me as obvious, it is a system in which consequences and premises give one another *mutual* support.

143. I am told, for example, that someone climbed this mountain many years ago. Do I always enquire into the reliability of the teller of this story, and whether the mountain did exist years ago? A child learns there are reliable and unreliable informants much later than it learns facts which are told it. It doesn't learn *at all* that that mountain has existed for a long time: that is, the question whether it is so doesn't arise at all. It swallows this consequence down, so to speak, together with *what* it learns.

144. The child learns to believe a host of things. I.e. it learns to act according to these beliefs. Bit by bit there forms a system of what is believed, and in that system some things stand unshakeably fast and some are more or less liable to shift. What stands fast does so, not because it is intrinsically obvious or convincing; it is rather held fast by what lies around it.

145. One wants to say "*All* my experiences shew that it is so". But how do they do that? For that proposition to which they point itself belongs to a particular interpretation of them.
  "That I regard this proposition as certainly true also characterizes my interpretation of experience."

146. Wir machen uns von der Erde *das Bild* einer Kugel, die frei im Raume schwebt und sich in 100 Jahren nicht wesentlich ändert. Ich sagte "Wir machen uns das *Bild* etc." und dies Bild hilft uns nun zum Beurteilen verschiedener Sachverhalte.

Ich kann die Dimensionen einer Brücke allerdings berechnen, manchmal auch berechnen, daß hier eine Brücke günstiger ist als eine Fähre, etc. etc.,—aber irgendwo muß ich mit einer Annahme oder Entscheidung anfangen.

147. Das Bild der Erde als Kugel ist ein *gutes* Bild, es bewährt sich überall, es ist auch ein einfaches Bild,—kurz, wir arbeiten damit ohne es anzuzweifeln.

148. Warum überzeuge ich mich nicht davon, daß ich noch zwei Füße habe, wenn ich mich von dem Sessel erheben will? Es gibt kein warum. Ich tue es einfach nicht. So handle ich.

149. Meine Urteile selbst charakterisieren die Art und Weise, wie ich urteile, das Wesen des Urteilens.

150. Wie beurteilt Einer, welches seine rechte und welches seine linke Hand ist? Wie weiß ich, daß mein Urteil mit dem der Andern übereinstimmen wird? Wie weiß ich, daß diese Farbe Blau ist? Wenn ich hier *mir* nicht traue, warum soll ich dem Urteil des Andern trauen? Gibt es ein Warum? Muß ich nicht irgendwo anfangen zu trauen? D. h. ich muß irgendwo mit dem Nicht-zweifeln anfangen; und das ist nicht, so zu sagen, vorschnell aber verzeihlich, sondern es gehört zum Urteilen.

151. Ich möchte sagen: Moore *weiß* nicht, was er zu wissen behauptet, aber es steht für ihn fest, so wie auch für mich; es als feststehend zu betrachten gehört zur *Methode* unseres Zweifelns, und Untersuchens.

152. Die Sätze, die für mich feststehen, lerne ich nicht ausdrücklich. Ich kann sie nachträglich *finden* wie die Rotationsachse eines sich drehenden Körpers. Diese Achse steht nicht fest in dem Sinne, daß sie festgehalten wird, aber die Bewegung um sie herum bestimmt sie als unbewegt.

153. Niemand hat mich gelehrt, daß meine Hände nicht verschwinden, wenn ich auf sie nicht aufpasse. Noch kann man sagen, ich setze die Wahrheit dieses Satzes bei meinen Behauptungen etc. voraus (als ruhten sie auf ihm) während er erst durch unser anderweitiges Behaupten Sinn erhält.

146. We form *the picture* of the earth as a ball floating free in space and not altering essentially in a hundred years. I said "We form the *picture* etc." and this picture now helps us in the judgment of various situations.

I may indeed calculate the dimensions of a bridge, sometimes calculate that here things are more in favour of a bridge than a ferry, etc. etc.,—but somewhere I must begin with an assumption or a decision.

147. The picture of the earth as a ball is a *good* picture, it proves itself everywhere, it is also a simple picture—in short, we work with it without doubting it.

148. Why do I not satisfy myself that I have two feet when I want to get up from a chair? There is no why. I simply don't. This is how I act.

149. My judgments themselves characterize the way I judge, characterize the nature of judgment.

150. How does someone judge which is his right and which his left hand? How do I know that my judgment will agree with someone else's? How do I know that this colour is blue? If I don't trust *myself* here, why should I trust anyone else's judgment? Is there a why? Must I not begin to trust somewhere? That is to say: somewhere I must begin with not-doubting; and that is not, so to speak, hasty but excusable: it is part of judging.

151. I should like to say: Moore does not *know* what he asserts he knows, but it stands fast for him, as also for me; regarding it as absolutely solid is part of our *method* of doubt and enquiry.

152. I do not explicitly learn the propositions that stand fast for me. I can *discover* them subsequently like the axis around which a body rotates. This axis is not fixed in the sense that anything holds it fast, but the movement around it determines its immobility.

153. No one ever taught me that my hands don't disappear when I am not paying attention to them. Nor can I be said to presuppose the truth of this proposition in my assertions etc., (as if they rested on it) while it only gets sense from the rest of our procedure of asserting.

154. Es gibt Fälle, solcher Art, daß wenn Einer dort Zeichen des Zweifels gibt, wo wir nicht zweifeln, wir seine Zeichen nicht mit Sicherheit als Zeichen des Zweifels verstehen können.

D. h.: Damit wir seine Zeichen des Zweifels als solche verstehen, darf er sie nur in bestimmten Fällen geben und nicht in andern.

155. Der Mensch kann sich unter gewissen Umständen nicht *irren*. ("Kann" ist hier logisch gebraucht, und der Satz sagt nicht, daß unter diesen Umständen der Mensch nichts Falsches sagen kann.) Wenn Moore das Gegenteil von jenen Sätzen aussagte, die er für gewiß erklärt, würden wir nicht nur nicht seiner Meinung sein, sondern ihn für geistesgestört halten.

156. Damit der Mensch sich irre, muß er schon mit der Menschheit konform urteilen.

157. Wie, wenn ein Mensch sich nicht erinnern könnte, ob er immer 5 Finger, oder 2 Hände gehabt hat? Würden wir ihn verstehen? Könnten wir sicher sein, daß wir ihn verstehen?

158. Kann ich mich z. B. darin irren, daß die einfachen Worte die diesen Satz bilden, deutsche Wörter sind, deren Bedeutung ich kenne?

159. Wir lernen als Kinder Fakten, z. B. daß jeder Mensch ein Gehirn hat, und wir nehmen sie gläubig hin. Ich glaube, daß es eine Insel, Australien, gibt von der und der Gestalt usw. usw., ich glaube, daß ich Urgroßeltern gehabt habe, daß die Menschen, die sich für meine Eltern ausgaben, wirklich meine Eltern waren, etc.. Dieser Glaube mag nie ausgesprochen, ja der Gedanke, daß es so ist, nie gedacht werden.

160. Das Kind lernt, indem er dem Erwachsenen glaubt. Der Zweifel kommt *nach* dem Glauben.

161. Ich habe eine Unmenge gelernt und es auf die Autorität von Menschen angenommen, und dann manches durch eigene Erfahrung bestätigt, oder entkräftet gefunden.

162. Was in Lehrbüchern, der Geographie z. B., steht, halte ich im allgemeinen für wahr. Warum? Ich sage: Alle diese Fakten sind hundertmal bestätigt worden. Aber wie weiß ich das? Was ist meine Evidenz dafür? Ich habe ein Weltbild. Ist es wahr oder falsch? Es ist vor allem das Substrat alles meines

154. There are cases such that, if someone gives signs of doubt where we do not doubt, we cannot confidently understand his signs as signs of doubt.

I.e.: if we are to understand his signs of doubt as such, he may give them only in particular cases and may not give them in others.

155. In certain circumstances a man cannot make a *mistake*. ("Can" is here used logically, and the proposition does not mean that a man cannot say anything false in those circumstances.) If Moore were to pronounce the opposite of those propositions which he declares certain, we should not just not share his opinion: we should regard him as demented.

156. In order to make a mistake, a man must already judge in conformity with mankind.

157. Suppose a man could not remember whether he had always had five fingers or two hands? Should we understand him? Could we be sure of understanding him?

158. Can I be making a mistake, for example, in thinking that the words of which this sentence is composed are English words whose meaning I know?

159. As children we learn facts; e.g., that every human being has a brain, and we take them on trust. I believe that there is an island, Australia, of such-and-such a shape, and so on and so on; I believe that I had great-grandparents, that the people who gave themselves out as my parents really were my parents, etc. This belief may never have been expressed; even the thought that it was so, never thought.

160. The child learns by believing the adult. Doubt comes *after* belief.

161. I learned an enormous amount and accepted it on human authority, and then I found some things confirmed or disconfirmed by my own experience.

162. In general I take as true what is found in text-books, of geography for example. Why? I say: All these facts have been confirmed a hundred times over. But how do I know that? What is my evidence for it? I have a world-picture. Is it true or false? Above all it is the substratum of all my enquiring and asserting.

Forschens und Behauptens. Die Sätze, die es beschreiben, unterliegen nicht alle gleichermaßen der Prüfung.

163. Prüft jemand je, ob dieser Tisch hier stehenbleibt, wenn niemand auf ihn achtgibt?

Wir prüfen die Geschichte Napoleons, aber nicht, ob alle Berichte über ihn auf Sinnestrug, Schwindel u. dergl. beruhen. Ja, wenn wir überhaupt prüfen, setzen wir damit schon etwas voraus, was nicht geprüft wird. Soll ich nun sagen, das Experiment, das ich etwa zur Prüfung eines Satzes mache, setze die Wahrheit des Satzes voraus, daß hier wirklich der Apparat steht, welchen ich zu sehen glaube (u. dergl.)?

164. Hat das Prüfen nicht ein Ende?

165. Ein Kind könnte zu einem andern sagen "Ich weiß, daß die Erde schon viele hundert Jahre alt ist", und das hieße: Ich habe es gelernt.

166. Die Schwierigkeit ist, die Grundlosigkeit unseres Glaubens einzusehen.

167. Daß unsre Erfahrungsaussagen nicht alle gleichen Status haben, ist klar, da man so einen Satz festlegen und ihn vom Erfahrungssatz zu einer Norm der Beschreibung machen kann.

Denk an chemische Untersuchungen. Lavoisier macht Experimente mit Stoffen in seinem Laboratorium und schließt nun, daß bei der Verbrennung dies und jenes geschehe. Er sagt nicht, daß es ja ein andermal anders zugehen könne. Er ergreift ein bestimmtes Weltbild, ja er hat es natürlich nicht erfunden, sondern als Kind gelernt. Ich sage Weltbild und nicht Hypothese, weil es die selbstverständliche Grundlage seiner Forschung ist und als solche auch nicht ausgesprochen wird.

168. Aber welche Rolle spielt nun die Voraussetzung, daß ein Stoff A auf einen Stoff B unter gleichen Umständen immer gleich reagiert? Oder gehört das zur Definition eines Stoffs?

169. Man könnte meinen es gäbe Sätze welche aussprechen, daß eine Chemie *möglich* ist. Und das wären Sätze einer Naturwissenschaft. Denn worauf sollen sie sich stützen, wenn nicht auf Erfahrung?

170. Ich glaube, was mir Menschen in einer gewissen Weise übermitteln. So glaube ich geographische, chemische, geschicht-

The propositions describing it are not all equally subject to testing.

163. Does anyone ever test whether this table remains in existence when no one is paying attention to it?

We check the story of Napoleon, but not whether all the reports about him are based on sense-deception, forgery and the like. For whenever we test anything, we are already presupposing something that is not tested. Now am I to say that the experiment which perhaps I make in order to test the truth of a proposition presupposes the truth of the proposition that the apparatus I believe I see is really there (and the like)?

164. Doesn't testing come to an end?

165. One child might say to another: "I know that the earth is already hundreds of years old" and that would mean: I have learnt it.

166. The difficulty is to realize the groundlessness of our believing.

167. It is clear that our empirical propositions do not all have the same status, since one can lay down such a proposition and turn it from an empirical proposition into a norm of description.

Think of chemical investigations. Lavoisier makes experiments with substances in his laboratory and now he concludes that this and that takes place when there is burning. He does not say that it might happen otherwise another time. He has got hold of a definite world-picture—not of course one that he invented: he learned it as a child. I say world-picture and not hypothesis, because it is the matter-of-course foundation for his research and as such also goes unmentioned.

168. But now, what part is played by the presupposition that a substance A always reacts to a substance B in the same way, given the same circumstances? Or is that part of the definition of a substance?

169. One might think that there were propositions declaring that chemistry is *possible*. And these would be propositions of a natural science. For what should they be supported by, if not by experience?

170. I believe what people transmit to me in a certain manner. In this way I believe geographical, chemical, historical facts etc.

liche Tatsachen etc. So *lerne* ich die Wissenschaften. Ja lernen beruht natürlich auf glauben.

Wer gelernt hat, der Mont Blanc sei 4000 m hoch, wer es auf der Karte nachgesehen hat, sagt nun er *wisse* es.

Und kann man nun sagen: Wir messen unser Vertrauen so zu, weil es sich so bewährt hat?

171. Ein Hauptgrund für Moore anzunehmen, daß er nicht auf dem Mond war, ist der, daß niemand auf dem Mond war und hinkommen *konnte*; und das glauben wir auf Grund dessen, was wir lernen.

172. Vielleicht sagt man "Es muß doch ein Prinzip diesem Vertrauen zu grunde liegen", aber was kann so ein Prinzip leisten? Ist es mehr als ein Naturgesetz des 'Fürwahrhaltens'?

173. Liegt es denn in meiner Macht, was ich glaube? oder was ich unerschütterlich glaube?

Ich glaube, daß dort ein Sessel steht. Kann ich mich nicht irren? Aber kann ich glauben, daß ich mich irre? ja kann ich es überhaupt in Betracht ziehen?—Und *könnte* ich nicht auch an meinem Glauben festhalten, was immer ich später erfahre?! Aber ist nun mein Glaube *begründet*?

174. Ich handle mit *voller* Gewißheit. Aber diese Gewißheit ist meine eigene.

175. "Ich weiß es" sage ich dem Andern; und hier gibt es eine Rechtfertigung. Aber für meinen Glauben gibt es keine.

176. Statt "Ich weiß es" kann man in manchen Fällen sagen "Es ist so; verlaß dich drauf". In manchen Fällen aber: "Das habe ich schon vor Jahren gelernt"; und manchmal: "Ich bin sicher, daß es so ist."

177. Was ich weiß, das glaube ich.

178. Der falsche Gebrauch, den Moore von dem Satz "Ich weiß ..." macht, liegt darin, daß er ihn als eine Äußerung betrachtet, die so wenig anzuzweifeln ist wie etwa "Ich habe Schmerzen". Und da aus "Ich weiß, daß es so ist" folgt "Es ist so", so kann also auch dies nicht angezweifelt werden.

179. Es wäre richtig zu sagen: "Ich glaube ..." hat subjektive Wahrheit; aber "Ich weiß ..." nicht.

That is how I *learn* the sciences. Of course learning is based on believing.

If you have learnt that Mont Blanc is 4000 metres high, if you have looked it up on the map, you say you *know* it.

And can it now be said: we accord credence in this way because it has proved to pay?

171. A principal ground for Moore to assume that he never was on the moon is that no one ever was on the moon or *could* come there; and this we believe on grounds of what we learn.

172. Perhaps someone says "There must be some basic principle on which we accord credence", but what can such a principle accomplish? Is it more than a natural law of 'taking for true'?

173. Is it maybe in my power what I believe? or what I un-shakeably believe?

I believe that there is a chair over there. Can't I be wrong? But, can I believe that I am wrong? Or can I so much as bring it under consideration?—And mightn't I also hold fast to my belief whatever I learned later on?! But is my belief then *grounded*?

174. I act with *complete* certainty. But this certainty is my own.

175. "I know it" I say to someone else; and here there is a justification. But there is none for my belief.

176. Instead of "I know it" one may say in some cases "That's how it is—rely upon it." In some cases, however "I learned it years and years ago"; and sometimes: "I am sure it is so."

177. What I know, I believe.

178. The wrong use made by Moore of the proposition "I know . . ." lies in his regarding it as an utterance as little subject to doubt as "I am in pain". And since from "I know it is so" there follows "It is so", then the latter can't be doubted either.

179. It would be correct to say: "I believe . . ." has subjective truth; but "I know . . ." not.

180. Oder auch: "Ich glaube ..." ist eine Äußerung, nicht aber "Ich weiß ...".

181. Wie, wenn Moore statt "Ich weiß ..." gesagt hätte "Ich schwöre ..."?

182. Die primitivere Vorstellung ist, daß die Erde *nie* einen Anfang genommen hat. Kein Kind hat Grund sich zu fragen wie lange es die *Erde* schon gegeben hat, weil aller Wandel *auf* ihr vorsichgeht. Wenn das was man die Erde nennt, wirklich einmal entstanden ist, was schwer genug vorzustellen ist, so nimmt man den Anfang natürlich in unvordenklicher Zeit an.

183. "Es ist sicher, daß Napoleon nach der Schlacht bei Austerlitz. ... Nun, dann ist es doch auch sicher, daß die Erde damals existiert hat."

184. "Es ist sicher, daß wir nicht vor 100 Jahren von einem andern Planeten auf diesen herab gekommen sind." Nun, so sicher, als eben solche Sachen sind.

185. Es käme mir lächerlich vor, die Existenz Napoleons bezweifeln zu wollen; aber wenn Einer die Existenz der Erde vor 150 Jahren bezweifelte, wäre ich vielleicht eher bereit aufzuhorchen, denn nun bezweifelt er unser ganzes System der Evidenz. Es kommt mir nicht vor, als sei dies System sicherer als eine Sicherheit in ihm.

186. "Ich könnte annehmen, daß Napoleon nie existiert hat und eine Fabel ist, aber nicht, daß die *Erde* vor 150 Jahren nicht existiert hat."

187. "*Weißt* du, daß die Erde damals existiert hat?"—"Freilich weiß ich's. Ich habe es von jemandem, der sich genau auskennt."

188. Es kommt mir vor, als müßte der, welcher an der Existenz der Erde zu jener Zeit zweifelt, das Wesen aller historischer Evidenz antasten. Und von dieser kann ich nicht sagen, sie sei bestimmt *richtig*.

189. Einmal muß man von der Erklärung auf die bloße Beschreibung kommen.

190. Was wir historische Evidenz nennen, deutet darauf hin, die Erde habe schon lange vor meiner Geburt existiert;—die entgegengesetzte Hypothese hat *nichts* für sich.

180. Or again "I believe ..." is an 'expression', but not "I know...".

181. Suppose Moore had said "I swear ..." instead of "I know...".

182. The more primitive idea is that the earth *never* had a beginning. No child has reason to ask himself how long the earth has existed, because all change takes place *on* it. If what is called the earth really came into existence at some time—which is hard enough to picture—then one naturally assumes the beginning as having been an inconceivably long time ago.

183. "It is certain that after the battle of Austerlitz Napoleon. .... Well, in that case it's surely also certain that the earth existed then."

184. "It is certain that we didn't arrive on this planet from another one a hundred years ago." Well, it's as certain as such things *are*.

185. It would strike me as ridiculous to want to doubt the existence of Napoleon; but if someone doubted the existence of the earth 150 years ago, perhaps I should be more willing to listen, for now he is doubting our whole system of evidence. It does not strike me as if this system were more certain than a certainty within it.

186. "I might suppose that Napoleon never existed and is a fable, but not that the *earth* did not exist 150 years ago."

187. "Do you *know* that the earth existed then?"—"Of course I know that. I have it from someone who certainly knows all about it."

188. It strikes me as if someone who doubts the existence of the earth at that time is impugning the nature of all historical evidence. And I cannot say of this latter that it is definitely *correct*.

189. At some point one has to pass from explanation to mere description.

190. What we call historical evidence points to the existence of the earth a long time before my birth;—the opposite hypothesis has *nothing* on its side.

191. Wenn nun alles für eine Hypothese, nichts gegen sie spricht,—ist sie dann gewiß wahr? Man kann sie so bezeichnen.— Aber stimmt sie gewiß mit der Wirklichkeit, den Tatsachen, überein?—Mit dieser Frage bewegst du dich schon im Kreise.

192. Es gibt freilich Rechtfertigung; aber die Rechtfertigung hat ein Ende.

---

193. Was heißt: die Wahrheit eines Satzes sei *gewiß*?

194. Mit dem Wort "gewiß" drücken wir die völlige Überzeugung, die Abwesenheit jedes Zweifels aus, und wir suchen damit den Andern zu überzeugen. Das ist *subjektive* Gewißheit.

Wann aber ist etwas objektiv gewiß?—Wenn ein Irrtum nicht möglich ist. Aber was für eine Möglichkeit ist das? Muß der Irrtum nicht *logisch* ausgeschlossen sein?

195. Wenn ich glaube, in meinem Zimmer zu sitzen und es ist nicht so, dann wird man nicht sagen, ich habe mich *geirrt*: Aber was ist der wesentliche Unterschied eines Irrtums von diesem Fall?

196. Sichere Evidenz ist die, die wir als unbedingt sicher *annehmen*, nach der wir mit Sicherheit ohne Zweifel *handeln*.

Was wir "Irrtum" nennen, spielt eine ganz bestimmte Rolle in unsern Sprachspielen, und was wir als sichere Evidenz betrachten, auch.

197. Unsinn aber wäre es, zu sagen, wir betrachten etwas als sichere Evidenz, weil es gewiß wahr ist.

198. Wir müssen vielmehr die Rolle der Entscheidung für und gegen einen Satz erst betrachten.

199. Der Gebrauch von "wahr oder falsch" hat darum etwas Irreführendes, weil es ist, als sagte man "es stimmt mit den Tatsachen überein oder nicht", und es sich doch gerade frägt, was "Übereinstimmung" hier ist.

200. "Der Satz ist wahr oder falsch" heißt eigentlich nur, es müsse eine Entscheidung für oder gegen ihn möglich sein. Aber das sagt nicht, wie der Grund zu so einer Entscheidung ausschaut.

201. Denk, jemand fragte: "Ist es wirklich richtig, daß wir uns auf die Evidenz unsres Gedächtnisses (oder unsrer Sinne) verlassen wie wir es tun?"

191.   Well, if everything speaks for an hypothesis and nothing against it—is it then certainly true? One may designate it as such.—But does it certainly agree with reality, with the facts?— With this question you are already going round in a circle.

192.   To be sure there is justification; but justification comes to an end.

———————

193.   What does this mean: the truth of a proposition is *certain*?

194.   With the word "certain" we express complete conviction, the total absence of doubt, and thereby we seek to convince other people. That is *subjective* certainty.

But when is something objectively certain? When a mistake is not possible. But what kind of possibility is that? Mustn't mistake be *logically* excluded?

195.   If I believe that I am sitting in my room when I am not, then I shall not be said to have *made a mistake*. But what is the essential difference between this case and a mistake?

196.   Sure evidence is what we *accept* as sure, it is evidence that we go by in *acting* surely, acting without any doubt.

What we call "a mistake" plays a quite special part in our language games, and so too does what we regard as certain evidence.

197.   It would be nonsense to say that we regard something as sure evidence because it is certainly true.

198.   Rather, we must first determine the role of deciding for or against a proposition.

199.   The reason why the use of the expression "true or false" has something misleading about it is that it is like saying "it tallies with the facts or it doesn't", and the very thing that is in question is what "tallying" is here.

200.   Really "The proposition is either true or false" only means that it must be possible to decide for or against it. But this does not say what the ground for such a decision is like.

201.   Suppose someone were to ask: "Is it really right for us to rely on the evidence of our memory (or our senses) as we do?"

202. Moore's gewisse Sätze sagen beinahe aus, wir hätten ein Recht uns auf diese Evidenz zu verlassen.

203. [Alles[1] was wir als Evidenz betrachten, deutet darauf hin die Erde habe schon lange vor meiner Geburt existiert. Die entgegengesetzte Hypothese hat *keinerlei* Bekräftigung.

Wenn auch alles *für* eine Hypothese, nichts gegen sie spricht,— ist sie objektiv sicher? Man kann sie so *nennen*. Aber stimmt sie *unbedingt* mit der Welt der Tatsachen überein? Sie zeigt uns bestenfalls, was "übereinstimmen" heißt. Wir finden es schwierig, sie uns falsch vorzustellen, aber auch schwierig eine Anwendung von ihr zu machen.]

Worin besteht denn diese Übereinstimmung, wenn nicht darin, daß, was in diesen Sprachspielen Evidenz ist, für unseren Satz spricht? (*Log. Phil. Abh.*)

204. Die Begründung aber, die Rechtfertigung der Evidenz kommt zu einem Ende;—das Ende aber ist nicht daß uns gewisse Sätze unmittelbar als wahr einleuchten, also eine Art *Sehen* unsrerseits, sondern unser *Handeln*, welches am Grunde des Sprachspiels liegt.

205. Wenn das Wahre das Begründete ist, dann ist der Grund nicht *wahr*, noch falsch.

206. Wenn Einer uns fragte "Aber ist das *wahr*?", könnten wir ihm sagen "Ja"; und wenn er Gründe verlangte, so könnten wir sagen "Ich kann dir keine Gründe geben, aber wenn du mehr lernst, wirst du auch dieser Meinung sein".

Käme es nun nicht dahin, so hieße das, daß er, z. B., Geschichte nicht lernen kann.

207. "Seltsamer Zufall, daß alle die Menschen deren Schädel man geöffnet hat, ein Gehirn hatten!"

208. Ich habe ein Telephongespräch mit New York. Mein Freund teilt mir mit daß seine Bäumchen die und die Knospen tragen. Ich bin nun überzeugt, das Bäumchen sei. . . . Bin ich auch überzeugt, die Erde existiere?

209. Daß die Erde existiert, ist vielmehr ein Teil des ganzen *Bildes*, das den Ausgangspunkt meines Glaubens bildet.

210. Bekräftigt mein Telephongespräch mit N. Y. meine Überzeugung, daß die Erde existiert?

[1] Durchgestrichene Stelle. *Herausg.*

202. Moore's certain propositions almost declare that we have a right to rely upon this evidence.

203. [Everything[1] that we regard as evidence indicates that the earth already existed long before my birth. The contrary hypothesis has *nothing* to confirm it at all.

If everything speaks *for* an hypothesis and nothing against it, is it objectively *certain*? One can *call* it that. But does it *necessarily* agree with the world of facts? At the very best it shows us what "agreement" means. We find it difficult to imagine it to be false, but also difficult to make use of it.]

What does this agreement consist in, if not in the fact that what is evidence in these language games speaks for our proposition? (*Tractatus Logico-Philosophicus*)

204. Giving grounds, however, justifying the evidence, comes to an end;—but the end is not certain propositions' striking us immediately as true, i.e. it is not a kind of *seeing* on our part; it is our *acting*, which lies at the bottom of the language-game.

205. If the true is what is grounded, then the ground is not *true*, nor yet false.

206. If someone asked us "but is that *true*?" we might say "yes" to him; and if he demanded grounds we might say "I can't give you any grounds, but if you learn more you too will think the same".

If this didn't come about, that would mean that he couldn't for example learn history.

207. "Strange coincidence, that every man whose skull has been opened had a brain!"

208. I have a telephone conversation with New York. My friend tells me that his young trees have buds of such and such a kind. I am now convinced that his tree is. . . . Am I also convinced that the earth exists?

209. The existence of the earth is rather part of the whole *picture* which forms the starting-point of belief for me.

210. Does my telephone call to New York strengthen my conviction that the earth exists?

---

[1] Passage crossed out in MS. (*Editors*)

Manches scheint uns festzustehen und es scheidet aus dem Verkehr aus. Es wird sozusagen auf ein totes Geleise verschoben.

211. Es gibt nun unsern Betrachtungen, unsern Forschungen ihre Form. Es war vielleicht einmal umstritten. Vielleicht aber hat es seit unvordenklichen Zeiten zum *Gerüst* aller unsrer Betrachtungen gehört. (Jeder Mensch hat Eltern.)

212. Wir betrachten z. B. eine Rechnung unter gewissen Umständen als genügend kontrolliert. Was gibt uns dazu ein Recht? Die Erfahrung? Konnte sie uns nicht täuschen? Wir müssen irgend wo mit dem Rechtfertigen Schluß machen und dann bleibt der Satz: daß wir *so* rechnen.

213. Unsre 'Erfahrungssätze' bilden nicht eine homogene Masse.

214. Was hindert mich anzunehmen daß dieser Tisch, wenn ihn niemand betrachtet, entweder verschwindet, oder seine Form und Farbe verändert, und nun wenn ihn wieder jemand ansieht, in seinen alten Zustand zurückkehrt?—"Wer wird aber auch so etwas annehmen!"—möchte man sagen.

215. Hier sehen wir, daß die Idee von der 'Übereinstimmung mit der Wirklichkeit' keine klare Anwendung hat.

216. Der Satz "Es ist geschrieben".

217. Wer annähme, daß *alle* unsre Rechnungen unsicher seien, und daß wir uns auf keine verlassen können (mit der Rechtfertigung, daß Fehler überall möglich sind) würden wir vielleicht für verrückt erklären. Aber können wir sagen, er sei im Irrtum? Reagiert er nicht einfach anders: wir verlassen uns darauf, er nicht, wir sind sicher, er nicht.

218. Kann ich für einen Augenblick glauben, ich sei je in der Stratosphäre gewesen? Nein. So *weiß* ich das Gegenteil,—wie Moore?

219. Es kann für mich, als vernünftigen Menschen, kein Zweifel darüber bestehen.—Das ist es eben.—

220. Der vernünftige Mensch hat gewisse Zweifel *nicht.*

221. Kann ich zweifeln, woran ich zweifeln *will?*

222. Ich kann, daß ich nie in der Stratosphäre war, unmöglich bezweifeln. Weiß ich es darum, ist es darum wahr?

Much seems to be fixed, and it is removed from the traffic. It is so to speak shunted onto an unused siding.

211. Now it gives our way of looking at things, and our researches, their form. Perhaps it was once disputed. But perhaps, for unthinkable ages, it has belonged to the *scaffolding* of our thoughts. (Every human being has parents.)

212. In certain circumstances, for example, we regard a calculation as sufficiently checked. What gives us a right to do so? Experience? May that not have deceived us? Somewhere we must be finished with justification, and then there remains the proposition that *this* is how we calculate.

213. Our 'empirical propositions' do not form a homogeneous mass.

214. What prevents me from supposing that this table either vanishes or alters its shape and colour when no one is observing it, and then when someone looks at it again changes back to its old condition?—"But who is going to suppose such a thing!"— one would feel like saying.

215. Here we see that the idea of 'agreement with reality' does not have any clear application.

216. The proposition "It is written".

217. If someone supposed that *all* our calculations were uncertain and that we could rely on none of them (justifying himself by saying that mistakes are always possible) perhaps we would say he was crazy. But can we say he is in error? Does he not just react differently? We rely on calculations, he doesn't; we are sure, he isn't.

218. Can I believe for one moment that I have ever been in the stratosphere? No. So do I *know* the contrary, like Moore?

219. There cannot be any doubt about it for me as a reasonable person.—That's it.—

220. The reasonable man does *not have* certain doubts.

221. Can I be in doubt at *will*?

222. I cannot possibly doubt that I was never in the stratosphere. Does that make me know it? Does it make it true?

223. Könnte ich nicht eben verrückt sein und das nicht bezweifeln, was ich unbedingt bezweifeln sollte.

224. "Ich weiß, daß es nie geschehen ist, denn wäre es geschehen, so hätte ich es unmöglich vergessen können."

Aber, angenommen, es wäre geschehen, so hättest du's eben doch vergessen. Und wie weißt du, daß du's unmöglich hättest vergessen können? Nicht bloß aus früherer Erfahrung?

225. Das, woran ich festhalte, ist nicht *ein* Satz, sondern ein Nest von Sätzen.

226. Kann ich die Annahme, ich sei einmal auf dem Mond gewesen, überhaupt einer ernsten Betrachtung würdigen?

227. "Ist denn das etwas was man vergessen kann?!"

228. "Unter solchen Umständen sagen die Menschen nicht: 'Vielleicht haben wir's alle vergessen' und dergleichen, sondern sie nehmen an. ...."

229. Unsre Rede erhält durch unsre übrigen Handlungen ihren Sinn.

230. Wir fragen uns: Was machen wir mit einer Aussage "Ich *weiß* ..."? Denn uns handelt sich's nicht um Vorgänge oder Zustände des Geistes.

Und *so* muß man entscheiden, ob etwas ein Wissen ist, oder keines.

231. Wenn einer bezweifelte, ob die Erde vor 100 Jahren existiert hat, so verstünde ich das *darum* nicht, weil ich nicht wüßte, was dieser noch als Evidenz gelten ließe, und was nicht.

232. "Jedes einzelne dieser Fakten könnten wir bezweifeln, aber *alle* können wir nicht bezweifeln."

Wäre es nicht richtiger zu sagen: "*alle* bezweifeln wir nicht."

Daß wir sie nicht alle bezweifeln, ist eben die Art und Weise wie wir urteilen, also handeln.

233. Wenn ein Kind mich fragte, ob es die Erde schon vor meiner Geburt gegeben hat, so würde ich ihm antworten, die Erde existiere nicht erst seit meiner Geburt, sondern sie habe schon lang, lang vorher existiert. Und dabei hätte ich das Gefühl

223. For mightn't I be crazy and not doubting what I absolutely ought to doubt?

224. "I *know* that it never happened, for if it had happened I could not possibly have forgotten it."

But, supposing it *did* happen, then it just would have been the case that you had forgotten it. And how do you know that you could not possibly have forgotten it? Isn't that just from earlier experience?

225. What I hold fast to is not *one* proposition but a nest of propositions.

226. Can I give the supposition that I have ever been on the moon any serious consideration at all?

227. "*Is* that something that one can forget?!"

228. "In such circumstances, people do not say 'Perhaps we've all forgotten', and the like, but rather they assume that . . ."

229. Our talk gets its meaning from the rest of our proceedings.

230. We are asking ourselves: what do we do with a statement "I *know* . . ."? For it is not a question of mental processes or mental states.

And *that* is how one must decide whether something is knowledge or not.

231. If someone doubted whether the earth had existed a hundred years ago, I should not understand, for *this* reason: I would not know what such a person would still allow to be counted as evidence and what not.

232. "We could doubt every single one of these facts, but we could not doubt them *all*."

Wouldn't it be more correct to say: "we do not doubt them *all*".

Our not doubting them all is simply our manner of judging, and therefore of acting.

233. If a child asked me whether the earth was already there before my birth, I should answer him that the earth did not begin only with my birth, but that it existed long, long before. And I should have the feeling of saying something funny.

etwas Komisches zu sagen. Etwa wie wenn das Kind gefragt hätte ob der und der Berg höher sei als ein hohes Haus, das es gesehen hat. Ich könnte nur dem jene Frage beantworten, dem ich ein Weltbild erst beibrächte.

Wenn ich nun die Frage mit Sicherheit beantworte, was gibt mir diese Sicherheit?

234. Ich glaube daß ich Ahnen habe und daß jeder Mensch sie hat. Ich glaube daß es verschiedene Städte gibt und überhaupt an die Hauptdaten der Geographie und der Geschichte. Ich glaube, daß die Erde ein Körper ist auf dessen Oberfläche wir uns bewegen und daß er sowenig plötzlich verschwindet oder dergl. wie irgend ein andrer fester Körper: dieser Tisch, dieses Haus, dieser Baum etc. Wenn ich an der Existenz der Erde lang vor meiner Geburt zweifeln wollte, müßte ich alles mögliche bezweifeln was mir feststeht.

235. Und daß mir etwas feststeht, hat seinen Grund nicht in meiner Dummheit, oder Leichtgläubigkeit.

236. Wenn Einer sagte "Die Erde hat nicht schon lange ..."—was würde er damit antasten? Weiß ich's?

Müßte es ein sogenannter wissenschaftlicher Glaube sein? Könnte es kein mystischer sein? Muß er damit unbedingt geschichtlichen Tatsachen widersprechen? Ja selbst geographischen?

237. Wenn ich sage "Dieser Tisch hat vor einer Stunde noch nicht existiert", so meine ich wahrscheinlich er sei erst später hergestellt worden.

Sage ich "Dieser Berg hat damals noch nicht existiert", so meine ich wohl, er habe sich erst später—vielleicht vulkanisch—gebildet.

Sage ich "Dieser Berg hat vor einer halben Stunde noch nicht existiert", so ist das eine so seltsame Aussage, daß nicht klar ist, was ich meine. Ob ich z. B. etwas falsches aber wissenschaftliches meine. Vielleicht meint man, die Aussage, der Berg habe damals noch nicht existiert, sei ganz klar, wie immer man sich den Zusammenhang denke. Aber denke, jemand sagte "Dieser Berg hat vor einer Minute noch nicht existiert, sondern ein genau gleicher". Nur die gewohnte Umgebung läßt es klar erscheinen, was gemeint ist.

238. Ich könnte also den der sagt die Erde habe vor seiner Geburt nicht existiert, weiter fragen um herauszufinden mit

Rather as if the child had asked if such and such a mountain were higher than a tall house that it had seen. In answering the question I should have to be imparting a picture of the world to the person who asked it.

If I do answer the question with certainty, what gives me this certainty?

234. I believe that I have forebears, and that every human being has them. I believe that there are various cities, and, quite generally, in the main facts of geography and history. I believe that the earth is a body on whose surface we move and that it no more suddenly disappears or the like than any other solid body: this table, this house, this tree, etc. If I wanted to doubt the existence of the earth long before my birth, I should have to doubt all sorts of things that stand fast for me.

235. And that something stands fast for me is not grounded in my stupidity or credulity.

236. If someone said "The earth has not long been ..." what would he be impugning? Do I know?

Would it have to be what is called a scientific belief? Might it not be a mystical one? Is there any absolute necessity for him to be contradicting historical facts? or even geographical ones?

237. If I say "an hour ago this table didn't exist" I probably mean that it was only made later on.

If I say "this mountain didn't exist then", I presumably mean that it was only formed later on—perhaps by a volcano.

If I say "this mountain didn't exist half an hour ago", that is such a strange statement that it is not clear what I mean. Whether for example I mean something untrue but scientific. Perhaps you think that the statement that the mountain didn't exist then is quite clear, however one conceives the context. But suppose someone said "This mountain didn't exist a minute ago, but an exactly similar one did instead". Only the accustomed context allows what is meant to come through clearly.

238. I might therefore interrogate someone who said that the earth did not exist before his birth, in order to find out which of

welchen meiner Überzeugungen er im Widerspruch ist. Und da *könnte* es sein daß er meinen Grundanschauungen widerspricht. Und wäre es so, so müßte ich's dabei bewenden lassen.

Ähnlich geht es wenn er sagt er sei einmal auf dem Mond gewesen.

239. Ja, ich glaube, daß jeder Mensch zwei menschliche Eltern hat; aber die Katholiken glauben, daß Jesus nur eine menschliche Mutter hatte. Und Andre könnten glauben es gebe Menschen die keine Eltern haben und die aller gegenteiligen Evidenz keinen Glauben schenken. Die Katholiken glauben auch daß eine Oblate unter gewissen Umständen ihr Wesen gänzlich ändert und zugleich, daß alle Evidenz das Gegenteil beweist. Wenn also Moore sagte "Ich weiß, daß dies Wein und nicht Blut ist", so würden Katholiken ihm widersprechen.

240. Worauf gründet sich der Glaube, daß alle Menschen Eltern haben? Auf Erfahrung. Und wie kann ich auf meine Erfahrung diesen sichern Glauben gründen? Nun ich gründe ihn nicht nur darauf daß ich die Eltern gewisser Menschen kannte, sondern auf alles was ich über das Geschlechtsleben von Menschen und ihre Anatomie und Physiologie gelernt habe; auch darauf was ich von Tieren gehört und gesehen habe. Aber ist das denn wirklich ein Beweis?

241. Ist hier nicht eine Hypothese, die, wie ich *glaube*, sich immer wieder vollkommen bestätigt?

242. Müssen wir nicht auf Schritt und Tritt sagen: "Ich *glaube* dies mit Bestimmtheit?"

243. "Ich weiß . . ." sagt man, wenn man bereit ist, zwingende Gründe zu geben. "Ich weiß" bezieht sich auf eine Möglichkeit des Darthuns der Wahrheit. Ob Einer etwas weiß, läßt sich zeigen, angenommen, daß er davon überzeugt ist.

Ist aber was er glaubt von solcher Art, daß die Gründe, die er geben kann, nicht sicherer sind, als seine Behauptung, so kann er nicht sagen, er wisse, was er glaubt.

244. Wenn Einer sagt "Ich habe einen Körper" so kann man ihn fragen "Wer spricht hier mit diesem Munde?"

245. Zu wem sagt Einer, er wisse etwas? Zu sich selbst, oder zu einem Andern. Wenn er's zu sich selbst sagt, wie unterscheidet es sich von der Feststellung er sei *gewiß*, es verhalte sich so? Es gibt keine subjektive Sicherheit, daß ich etwas weiß.

my convictions he was at odds with. And then it *might* be that he was contradicting my fundamental attitudes that were how it was, and if I should have to put up with it.

Similarly if he said he had at some time been on the moon.

239. I believe that every human being has two human parents; but Catholics believe that Jesus only had a human mother. And other people might believe that there are human beings with no parents, and give no credence to all the contrary evidence. Catholics believe as well that in certain circumstances a wafer completely changes its nature, and at the same time that all evidence proves the contrary. And so if Moore said "I know that this is wine and not blood", Catholics would contradict him.

240. What is the belief that all human beings have parents based on? On experience. And how can I base this sure belief on my experience? Well, I base it not only on the fact that I have known the parents of certain people but on everything that I have learnt about the sexual life of human beings and their anatomy and physiology: also on what I have heard and seen of animals. But then is that really a proof?

241. Isn't this an hypothesis, which, as I *believe*, is again and again completely confirmed?

242. Mustn't we say at every turn: "I *believe* this with certainty"?

243. One says "I know" when one is ready to give compelling grounds. "I know" relates to a possibility of demonstrating the truth. Whether someone knows something can come to light, assuming that he is convinced of it.

But if what he believes is of such a kind that the grounds that he can give are no surer than his assertion, then he cannot say that he knows what he believes.

244. If someone says "I have a body", he can be asked "Who is speaking here with this mouth?"

245. To whom does anyone say that he knows something? To himself, or to someone else. If he says it to himself, how is it distinguished from the assertion that he is *sure* that things are like that? There is no subjective sureness that I know something. The

Subjektiv ist die Gewißheit, aber nicht das Wissen. Wenn ich mir also sage "Ich weiß, daß ich zwei Hände habe" und das soll nicht nur meine subjektive Gewißheit zum Ausdruck bringen, so muß ich mich davon überzeugen können, daß ich recht habe. Aber das kann ich nicht, denn daß ich zwei Hände habe ist nicht weniger gewiß, ehe ich sie angeschaut habe als nachher. Ich könnte aber sagen: "Daß ich zwei Hände habe ist ein unumstößlicher Glaube". Das würde ausdrücken, ich sei nicht bereit irgend etwas als Gegenbeweis dieses Satzes gelten zu lassen.

246. "Hier bin ich auf einer Grundlage alles meines Glaubens angelangt." "Diese Stellung werde ich *halten*!" Aber ist das nicht eben nur, weil ich davon vollkommen *überzeugt* bin?— Wie ist das: Vollkommen überzeugt sein?

247. Wie wäre es, jetzt daran zu zweifeln, daß ich zwei Hände habe? Warum kann ich's mir gar nicht vorstellen? Was würde ich glauben, wenn ich das nicht glaubte? Ich habe noch gar kein System, worin es diesen Zweifel geben könnte.

248. Ich bin auf dem Boden meiner Überzeugungen angelangt.
Und von dieser Grundmauer könnte man beinahe sagen, sie werde vom ganzen Haus getragen.

249. Man macht sich ein falsches Bild vom *Zweifel*.

250. Daß ich zwei Hände habe, ist unter normalen Umständen so sicher, wie irgend etwas, was ich als Evidenz dafür anführen könnte.
Ich bin darum außer Stande den Anblick meiner Hand als Evidenz dafür aufzufassen.

251. Heißt das nicht: ich werde unbedingt nach diesem Glauben handeln und mich durch nichts beirren lassen?

252. Aber es ist doch nicht nur, daß *ich* in dieser Weise glaube, daß ich 2 Hände habe, sondern daß jeder Vernünftige das tut.

253. Am Grunde des begründeten Glaubens liegt der unbegründete Glaube.

254. Jeder 'vernünftige' Mensch handelt *so*.

255. Das Zweifeln hat gewisse charakteristische Äußerungen, aber sie sind für ihn nur unter gewissen Umständen charakter-

certainty is subjective, but not the knowledge. So if I say "I know that I have two hands", and that is not supposed to express just my subjective certainty, I must be able to satisfy myself that I am right. But I can't do that, for my having two hands is not less certain before I have looked at them than afterwards. But I could say: "That I have two hands is an irreversible belief." That would express the fact that I am not ready to let anything count as a disproof of this proposition.

246. "Here I have arrived at a foundation of all my beliefs." "This position I will *hold*!" But isn't that, precisely, only because I am completely *convinced* of it?—What is 'being completely convinced' like?

247. What would it be like to doubt now whether I have two hands? Why can't I imagine it at all? What would I believe if I didn't believe that? So far I have no system at all within which this doubt might exist.

248. I have arrived at the rock bottom of my convictions.
And one might almost say that these foundation-walls are carried by the whole house.

249. One gives oneself a false picture of *doubt*.

250. My having two hands is, in normal circumstances, as certain as anything that I could produce in evidence for it.
That is why I am not in a position to take the sight of my hand as evidence for it.

251. Doesn't this mean: I shall proceed according to this belief unconditionally, and not let anything confuse me?

252. But it isn't just that *I* believe in this way that I have two hands, but that every reasonable person does.

253. At the foundation of well-founded belief lies belief that is not founded.

254. Any 'reasonable' person behaves like *this*.

255. Doubting has certain characteristic manifestations, but they are only characteristic of it in particular circumstances. If

istisch. Wenn Einer sagte, er zweifle an der Existenz seiner Hände, sie immer wieder von allen Seiten betrachtete, sich zu überzeugen suchte, daß keine Spiegelung oder dergl. vorläge, so wären wir nicht sicher, ob wir das ein Zweifeln nennen sollten. Wir könnten seine Handlungsweise als eine der zweifelnden ähnliche beschreiben, aber sein Spiel wäre nicht das unsre.

256. Anderseits ändert sich das Sprachspiel mit der Zeit.

257. Wenn Einer mir sagte, er zweifle daran, ob er einen Körper habe, würde ich ihn für einen Halbnarren halten. Ich wüßte aber nicht was es hieße ihn davon zu überzeugen, daß er einen habe. Und hätte ich etwas gesagt und das hätte nun den Zweifel behoben, so wüßte ich nicht wie und warum.

258. Ich weiß nicht, wie der Satz "Ich habe einen Körper" zu gebrauchen ist.
 Das gilt nicht unbedingt von dem Satz, daß ich immer auf oder nahe der Erde war.

259. Wer dran zweifelte daß die Erde seit 100 Jahren existiert hat, könnte einen wissenschaftlichen oder aber einen philosophischen Zweifel haben.

260. Ich möchte den Ausdruck "Ich weiß" für die Fälle reservieren, in denen er im normalen Sprachverkehr gebraucht wird.

261. Einen vernünftigen Zweifel an der Existenz der Erde während der letzten 100 Jahren kann ich mir jetzt nicht vorstellen.

262. Ich kann mir einen Menschen vorstellen, der unter ganz besonderen Umständen aufgewachsen ist, und dem man beigebracht hat die Erde sei vor 50 Jahren entstanden, und dieses deshalb auch glaubt. Diesen könnten wir belehren: die Erde habe schon lange etc.—Wir würden trachten ihm unser Weltbild zu geben.
 Dies geschähe durch eine Art *Überredung*.

263. Der Schüler *glaubt* seinen Lehrern und den Schulbüchern.

264. Ich könnte mir den Fall denken, daß Moore von einem wilden Volksstamm gefangen wird und die den Verdacht aussprechen, er sei von irgendwo zwischen Erde und Mond

someone said that he doubted the existence of his hands, kept looking at them from all sides, tried to make sure it wasn't 'all done by mirrors', etc., we should not be sure whether we ought to call that doubting. We might describe his way of behaving as like the behaviour of doubt, but his game would not be ours.

256. On the other hand a language-game does change with time.

257. If someone said to me that he doubted whether he had a body I should take him to be a half-wit. But I shouldn't know what it would mean to try to convince him that he had one. And if I had said something, and that had removed his doubt, I should not know how or why.

258. I do not know how the sentence "I have a body" is to be used.

That doesn't unconditionally apply to the proposition that I have always been on or near the surface of the earth.

259. Someone who doubted whether the earth had existed for 100 years might have a scientific, or on the other hand a philosophical, doubt.

260. I would like to reserve the expression "I know" for the cases in which it is used in normal linguistic exchange.

261. I cannot at present imagine a reasonable doubt as to the existence of the earth during the last 100 years.

262. I can imagine a man who had grown up in quite special circumstances and been taught that the earth came into being 50 years ago, and therefore believed this. We might instruct him: the earth has long . . . etc.—We should be trying to give him our picture of the world.

This would happen through a kind of *persuasion*.

263. The schoolboy *believes* his teachers and his schoolbooks.

264. I could imagine Moore being captured by a wild tribe, and their expressing the suspicion that he has come from somewhere between the earth and the moon. Moore tells them that he

gekommen. Moore sagt ihnen, er wisse, . . ., kann ihnen aber die Gründe für seine Sicherheit nicht geben, weil sie phantastische Ideen vom Flugvermögen eines Menschen haben und von Physik nichts wissen. Dies wäre eine Gelegenheit, jene Aussage zu machen.

265.   Aber was sagt sie mehr, als "Ich bin nie dort und dort gewesen, und habe zwingende Gründe, das zu glauben"?

266.   Und hier müßte man noch sagen, was zwingende Gründe sind.

267.   "Ich habe nicht nur den visuellen Eindruck eines Baumes, sondern ich *weiß*, daß es ein Baum ist."

268.   "Ich weiß, daß das eine Hand ist."—Und was ist eine Hand?—"Nun, *das* z. B."

269.   Bin ich gewisser, daß ich nie auf dem Mond, als daß ich nie in Bulgarien war? Warum bin ich so sicher? Nun, ich weiß, daß ich auch nirgends in der Nähe, z. B. nie auf dem Balkan, war.

270.   "Ich habe für meine Sicherheit zwingende Gründe." Diese Gründe machen die Sicherheit objektiv.

271.   Was ein triftiger Grund für etwas sei, entscheide nicht ich.

272.   Ich weiß = Es ist mir als gewiß bekannt.

273.   Wann aber sagt man von etwas, es sei gewiß?
   Denn darüber, ob etwas gewiß *ist*, läßt sich streiten; wenn nämlich etwas *objektiv* gewiß ist.
   Es gibt eine Unzahl allgemeiner Erfahrungssätze, die uns als gewiß gelten.

274.   Daß Einem, dem man den Arm abgehackt, er nicht wieder wächst, ist ein solcher. Daß Einer, dem man den Kopf abgehauen hat, tot ist und nie wieder lebendig wird, ein andrer.
   Man kann sagen, daß Erfahrung uns diese Sätze lehrt. Sie lehrt sie uns aber nicht isoliert, sondern sie lehrt uns eine Menge zusammenhängender Sätze. Wären sie isoliert, so könnte ich etwa an ihnen zweifeln, denn ich habe keine sie betreffende Erfahrung.

275.   Ist die Erfahrung der Grund dieser unsrer Gewißheit, so ist es natürlich die vergangene Erfahrung.

knows etc. but he can't give them the grounds for his certainty, because they have fantastic ideas of human ability to fly and know nothing about physics. This would be an occasion for making that statement.

265. But what does it say, beyond "I have never been to such and such a place, and have compelling grounds for believing that"?

266. And here one would still have to say what are compelling grounds.

267. "I don't merely have the visual impression of a tree: I *know* that it is a tree".

268. "I know that this is a hand."—And what is a hand?— "Well, *this*, for example."

269. Am I more certain that I have never been on the moon than that I have never been in Bulgaria? Why am I so sure? Well, I know that I have never been anywhere in the neighbourhood— for example I have never been in the Balkans.

270. "I have compelling grounds for my certitude." These grounds make the certitude objective.

271. What is a telling ground for something is not anything *I* decide.

272. I know = I am familiar with it as a certainty.

273. But when does one say of something that it is certain?
For there can be dispute whether something *is* certain; I mean, when something is *objectively* certain.
There are countless general empirical propositions that count as certain for us.

274. One such is that if someone's arm is cut off it will not grow again. Another, if someone's head is cut off he is dead and will never live again.
Experience can be said to teach us these propositions. However, it does not teach us them in isolation: rather, it teaches us a host of interdependent propositions. If they were isolated I might perhaps doubt them, for I have no experience relating to them.

275. If experience is the ground of our certainty, then naturally it is past experience.

Und es ist nicht etwa bloß *meine* Erfahrung, sondern die der Anderen, von der ich Erkenntnis erhalte.

Nun könnte man sagen, daß es wiederum Erfahrung ist, was uns den Andern Glauben schenken läßt. Aber welche Erfahrung macht mich glauben, daß die Anatomie- und Physiologiebücher nicht Falsches enthalten? Es ist wohl wahr, daß dieses Vertrauen auch durch meine eigene Erfahrung *gestützt* wird.

276. Wir glauben, so zu sagen, daß dieses große Gebäude da ist, und nun sehen wir einmal da ein Eckchen, einmal dort ein Eckchen.

277. "Ich kann nicht umhin zu glauben. . . ."

278. "Ich bin beruhigt, daß es so ist."

279. Es ist ganz sicher, daß Automobile nicht aus der Erde wachsen.—Wir fühlen, daß wenn Einer das Gegenteil glauben könnte, er *allem* Glauben schenken könne, was wir für unmöglich erklären und alles bestreiten könnte, was wir für sicher halten.

Wie aber hängt dieser *eine* Glaube mit allen andern zusammen? Wir möchten sagen, daß wer jenes glauben kann, das ganze System unsrer Verifikation nicht annimmt.

Dies System ist etwas was der Mensch durch Beobachtung und Unterricht aufnimmt. Ich sage absichtlich nicht "lernt".

280. Nachdem er das und das gesehen und das und das gehört hat, ist er außer Stande zu bezweifeln, daß. . . .

281. *Ich*, L. W., glaube, bin sicher, daß mein Freund nicht Sägespäne im Leib oder im Kopf hat, obwohl ich dafür keine direkte Evidenz der Sinne habe. Ich bin sicher, auf Grund dessen was mir gesagt wurde, was ich gelesen habe, und meiner Erfahrungen. Daran zu zweifeln erscheint mir als Wahnsinn, freilich wieder in Übereinstimmung mit Anderen; aber *Ich* stimme mit ihnen überein.

282. Ich kann nicht sagen, daß ich gute Gründe habe zur Ansicht, daß Katzen nicht auf Bäumen wachsen, oder daß ich einen Vater und eine Mutter gehabt habe.

Wenn Einer daran zweifelt,—wie soll es geschehen sein? Soll er von Anfang an nie geglaubt haben, er habe Eltern gehabt? Aber ist denn das denkbar, es sei denn daß man ihn dies gelehrt hat?

And it isn't for example just *my* experience, but other people's, that I get knowledge from.

Now one might say that it is experience again that leads us to give credence to others. But what experience makes me believe that the anatomy and physiology books don't contain what is false? Though it is true that this trust is *backed up* by my own experience.

276. We believe, so to speak, that this great building exists, and then we see, now here, now there, one or another small corner of it.

277. "I can't help believing. . . ."

278. "I am comfortable that that is how things are."

279. It is quite sure that motor cars don't grow out of the earth. We feel that if someone could believe the contrary he could believe *everything* that we say is untrue, and could question everything that we hold to be sure.

But how does this *one* belief hang together with all the rest? We should like to say that someone who could believe that does not accept our whole system of verification.

This system is something that a human being acquires by means of observation and instruction. I intentionally do not say "learns".

280. After he has seen this and this and heard that and that, he is not in a position to doubt whether. . . .

281. *I*, L. W., believe, am sure, that my friend hasn't sawdust in his body or in his head, even though I have no direct evidence of my senses to the contrary. I am sure, by reason of what has been said to me, of what I have read, and of my experience. To have doubts about it would seem to me madness—of course, this is also in agreement with other people; but *I* agree with them.

282. I cannot say that I have good grounds for the opinion that cats do not grow on trees or that I had a father and a mother.

If someone has doubts about it—how is that supposed to have come about? By his never, from the beginning, having believed that he had parents? But then, is that conceivable, unless he has been taught it?

283. Denn wie kann das Kind an dem gleich zweifeln, was man ihm beibringt? Das könnte nur bedeuten, dass er gewisse Sprachspiele nicht erlernen könnte.

284. Die Menschen haben seit den ältesten Zeiten Tiere getötet, ihr Fell, ihre Knochen etc. etc. zu gewissen Zwecken gebraucht; sie haben mit Bestimmtheit drauf gerechnet, in jedem ähnlichen Tier ähnliche Teile zu finden.

Sie haben immer aus der Erfahrung gelernt, und aus ihren Handlungen kann man ersehen, daß sie Gewisses mit Bestimmtheit glauben, ob sie diesen Glauben aussprechen, oder nicht. Damit will ich natürlich nicht sagen, daß der Mensch so handeln *solle*, sondern nur, daß er so handelt.

285. Wenn Einer etwas sucht und wühlt etwa an einem bestimmten Platz die Erde auf, so zeigt er damit, daß er glaubt, das, was er sucht, sei dort.

286. Woran wir glauben, hängt von dem ab, was wir lernen. Wir alle glauben, es sei unmöglich auf den Mond zu kommen; aber es könnte Leute geben, die glauben, es sei möglich und geschehe manchmal. Wir sagen: diese wissen Vieles nicht, was wir wissen. Und sie mögen ihrer Sache noch so sicher sein,—sie sind im Irrtum und wir wissen es.

Wenn wir unser System des Wissens mit ihrem vergleichen, so zeigt sich ihres als das weit ärmere.

23.9.50

287. Das Eichhörnchen schließt nicht durch Induktion, daß es auch im nächsten Winter Vorräte brauchen wird. Und ebensowenig brauchen wir ein Gesetz der Induktion, um unsre Handlungen und Vorhersagen zu rechtfertigen.

288. Ich weiß nicht nur, daß die Erde lange vor meiner Geburt existiert hat, sondern auch, daß sie ein großer Körper ist, daß man das festgestellt hat, daß ich und die andern Menschen viele Ahnen haben, daß es Bücher über das alles gibt, daß solche Bücher nicht lügen, etc. etc. etc.. Und das alles weiß ich? Ich glaube es. Dieser Wissenskörper wurde mir überliefert und ich habe keinen Grund, an ihm zu zweifeln, sondern vielerlei Bestätigungen.

Und warum soll ich nicht sagen, ich wisse das alles? Sagt man nicht eben dies?

283. For how can a child immediately doubt what it is taught? That could mean only that he was incapable of learning certain language games.

284. People have killed animals since the earliest times, used the fur, bones etc. etc. for various purposes; they have counted definitely on finding similar parts in any similar beast.

They have always learnt from experience; and we can see from their actions that they believe certain things definitely, whether they express this belief or not. By this I naturally do not want to say that men *should* behave like this, but only that they do behave like this.

285. If someone is looking for something and perhaps roots around in a certain place, he shows that he believes that what he is looking for is there.

286. What we believe depends on what we learn. We all believe that it isn't possible to get to the moon; but there might be people who believe that that is possible and that it sometimes happens. We say: these people do not know a lot that we know. And, let them be never so sure of their belief—they are wrong and we know it.

If we compare our system of knowledge with theirs then theirs is evidently the poorer one by far.

23.9.50
287. The squirrel does not infer by induction that it is going to need stores next winter as well. And no more do we need a law of induction to justify our actions or our predictions.

288. I know, not just that the earth existed long before my birth, but also that it is a large body, that this has been established, that I and the rest of mankind have forebears, that there are books about all this, that such books don't lie, etc. etc. etc. And I know all this? I believe it. This body of knowledge has been handed on to me and I have no grounds for doubting it, but, on the contrary, all sorts of confirmation.

And why shouldn't I say that I know all this? Isn't that what one does say?

Aber nicht nur ich weiß, oder glaube alles das, sondern die Andern auch. Oder vielmehr, ich *glaube*, daß sie es glauben.

289. Ich bin fest überzeugt, daß die Andern glauben, zu wissen glauben, daß es sich alles so verhält.

290. Ich habe selbst in meinem Buch geschrieben, das Kind lerne ein Wort so und so verstehen: Weiß ich das, oder glaube ich das? Warum schreibe ich in so einem Falle nicht "Ich glaube . . .", sondern einfach den Behauptungssatz?

291. Wir wissen, daß die Erde rund ist. Wir haben uns endgültig davon überzeugt, daß sie rund ist.
Bei dieser Ansicht werden wir verharren, es sei denn, daß sich unsere ganze Naturanschauung ändert. "Wie weißt du das?"—Ich glaube es.

292. Weitere Versuche können die früheren nicht *lügenstrafen*, höchstens unsere ganze Betrachtung ändern.

293. Ähnlich, der Satz "Das Wasser siedet bei 100°C."

294. *So* überzeugen wir uns, *das* nennt man "mit Recht davon überzeugt sein".

295. Hat man also nicht, in diesem Sinne, einen *Beweis* des Satzes? Aber es ist kein Beweis dafür daß dasselbe wieder geschehen ist; aber wir sagen es gibt uns ein Recht dies anzunehmen.

296. Dies *nennen* wir "Erfahrungsmäßige Begründung" unsrer Annahmen.

297. Wir lernen eben nicht nur, daß die und die Versuche so und so ausgegangen sind, sondern auch den Schlußsatz. Und daran ist natürlich nichts Falsches. Denn dieser Satz ist ein Instrument für bestimmten Gebrauch.

298. Wir sind dessen ganz sicher, heißt nicht nur, daß jeder Einzelne dessen gewiß ist, sondern, daß wir zu einer Gemeinschaft gehören, die durch die Wissenschaft und Erziehung verbunden ist.

299. We are satisfied that the earth is round.

10.3.51

300. Nicht alle Korrekturen unsrer Ansichten stehen auf der gleichen Stufe.

But not only I know, or believe, all that, but the others do too. Or rather, I *believe* that they believe it.

289. I am firmly convinced that others believe, believe they know, that all that is in fact so.

290. I myself wrote in my book that children learn to understand a word in such and such a way. Do I know that, or do I believe it? Why in such a case do I write not "I believe etc." but simply the indicative sentence?

291. We know that the earth is round. We have definitively ascertained that it is round.

We shall stick to this opinion, unless our whole way of seeing nature changes. "How do you know that?"—I believe it.

292. Further experiments cannot *give the lie* to our earlier ones, at most they may change our whole way of looking at things.

293. Similarly with the sentence "water boils at 100°C."

294. This is how we acquire conviction, this is called "being rightly convinced".

295. So hasn't one, in this sense, a *proof* of the proposition? But that the same thing has happened again is not a proof of it; though we do say that it gives us a right to assume it.

296. This is what we *call* an "empirical foundation" for our assumptions.

297. For we learn, not just that such and such experiments had those and those results, but also the conclusion which is drawn. And of course there is nothing wrong in our doing so. For this inferred proposition is an instrument for a definite use.

298. 'We are quite sure of it' does not mean just that every single person is certain of it, but that we belong to a community which is bound together by science and education.

299. We are satisfied that the earth is round.[1]

10.3.51

300. Not all corrections of our views are on the same level.

---

[1] In English. *Eds*.

301. Angenommen, es sei nicht wahr, daß die Erde schon lange vor meiner Geburt existiert hat, wie hat man sich die Entdeckung dieses Fehlers vorzustellen?

302. Es ist nichts nutz zu sagen "Vielleicht irren wir uns", wenn, wenn *keiner* Evidenz zu trauen ist, im Fall der gegenwärtigen Evidenz nicht zu trauen ist.

303. Wenn wir uns z. B. immer verrechnet haben und 12 × 12 nicht 144 ist, warum sollten wir dann irgendeiner anderen Rechnung trauen? Und das ist natürlich falsch ausgedrückt.

304. Aber auch ich *irre* mich in dieser Formel des Einmaleins nicht. Ich mag später einmal sagen, ich sei jetzt verwirrt gewesen, aber nicht, ich hätte mich geirrt.

305. Hier ist *wieder* ein Schritt nötig ähnlich dem der Relativitätstheorie.

306. "Ich weiß nicht, ob das eine Hand ist." Weißt du aber was das Wort "Hand" bedeutet? Und sag nicht "Ich weiß, was es jetzt für mich bedeutet." Und ist das nicht eine Erfahrungstatsache, daß *dies* Wort *so* gebraucht wird?

307. Und hier ist es nun sonderbar, daß, wenn ich auch des Gebrauchs der Wörter ganz sicher bin, keinen Zweifel darüber habe, ich doch keine *Gründe* für meine Handlungsweise angeben kann. Versuchte ich's so könnte ich 1000 geben, aber keinen der so sicher wäre, wie eben das, was sie begründen sollen.

308. 'Wissen' und 'Sicherheit' gehören zu verschiedenen *Kategorien*. Es sind nicht zwei 'Seelenzustände' wie etwa 'Vermuten' und 'Sichersein'. (Hier nehme ich an, daß es für mich sinnvoll sei zu sagen "Ich weiß, was das Wort 'Zweifel' (z. B.) bedeutet" und daß dieser Satz dem Wort "Zweifel" eine logische Rolle anweist.) Was uns nun interessiert ist nicht das Sichersein sondern das Wissen. D. h., uns interessiert, daß es über gewisse Erfahrungssätze keinen Zweifel geben kann, wenn ein Urteil überhaupt möglich sein soll. Oder auch: Ich bin geneigt zu glauben, daß nicht alles was die Form eines Erfahrungssatzes hat, ein Erfahrungssatz ist.

309. Ist es, daß Regel und Erfahrungssatz in einander übergehen?

301. Supposing it wasn't true that the earth had already existed long before I was born—how should we imagine the mistake being discovered?

302. It's no good saying "Perhaps we are wrong" when, if *no* evidence is trustworthy, trust is excluded in the case of the present evidence.

303. If, for example, we have always been miscalculating, and twelve times twelve isn't a hundred and forty-four, why should we trust any other calculation? And of course that is wrongly put.

304. But nor am I *making a mistake* about twelve times twelve being a hundred and forty-four. I may say later that I was confused just now, but not that I was making a mistake.

305. Here *once more* there is needed a step like the one taken in relativity theory.

306. "I don't know if this is a hand." But do you know what the word "hand" means? And don't say "I know what it means now for me". And isn't it an empirical fact—that *this* word is used like *this*?

307. And here the strange thing is that when I am quite certain of how the words are used, have no doubt about it, I can still give no *grounds* for my way of going on. If I tried I could give a thousand, but none as certain as the very thing they were supposed to be grounds for.

308. 'Knowledge' and 'certainty' belong to different *categories*. They are not two 'mental states' like, say 'surmising' and 'being sure'. (Here I assume that it is meaningful for me to say "I know what (e.g.) the word 'doubt' means" and that this sentence indicates that the word "doubt" has a logical role.) What interests us now is not being sure but knowledge. That is, we are interested in the fact that about certain empirical propositions no doubt can exist if making judgments is to be possible at all. Or again: I am inclined to believe that not everything that has the form of an empirical proposition *is* one.

309. Is it that rule and empirical proposition merge into one another?

310. Ein Schüler und ein Lehrer. Der Schüler läßt sich nichts erklären, denn er unterbricht (den Lehrer) fortwährend mit Zweifeln, z. B. an der Existenz der Dinge, der Bedeutung der Wörter, etc. Der Lehrer sagt: "Unterbrich nicht mehr und tu was ich dir sage; deine Zweifel haben jetzt noch gar keinen Sinn."

311. Oder denk Dir der Schüler bezweifelte die Geschichte (und alles was mit ihr zusammenhängt), ja auch, ob die Erde vor 100 Jahren überhaupt existiert habe.

312. Da ist es mir, als wäre dieser Zweifel hohl. Aber ist es dann nicht auch der *Glaube* an die Geschichte? Nein; dieser hängt mit so vielem zusammen.

313. So ist *das* also, was uns einen Satz glauben macht? Nun, es hängt eben die Grammatik von "glauben" mit der des geglaubten Satzes zusammen.

314. Denk dir, der Schüler fragte wirklich: "Und ist ein Tisch auch da, wenn ich mich umdrehe; und auch wenn ihn *niemand* sieht?" Soll da der Lehrer ihn beruhigen? und sagen "Freilich ist er da!"—
Vielleicht wird der Lehrer ein bißchen ungeduldig werden, sich aber denken, der Schüler werde sich solche Fragen schon abgewöhnen.

315. D. h., der Lehrer wird empfinden, dies sei eigentlich keine berechtigte Frage.
Und gleichermaßen, wenn der Schüler die Gesetzlichkeit der Natur also die Berechtigung zu Induktionsschlüssen anzweifelte.—
Der Lehrer würde empfinden, daß das ihn und den Schüler nur aufhält, daß er dadurch im Lernen nur steckenbliebe und nicht weiterkäme.—Und er hätte recht. Es wäre, als sollte jemand nach einem Gegenstand im Zimmer suchen; er öffnet eine Lade und sieht ihn nicht darin; da schließt er sie wieder, wartet und öffnet sie wieder um zu sehen, ob er jetzt nicht etwa darin sei, und so fährt er fort. Er hat noch nicht suchen gelernt. Und so hat jener Schüler noch nicht fragen gelernt. Nicht *das* Spiel gelernt, das wir ihn lehren wollen.

316. Und ist es nicht dasselbe, wie wenn der Schüler den Geschichtsunterricht aufhielte durch Zweifel darüber, ob die Erde wirklich. ...?

310.   A pupil and a teacher. The pupil will not let anything be explained to him, for he continually interrupts with doubts, for instance as to the existence of things, the meaning of words, etc. The teacher says "Stop interrupting me and do as I tell you. So far your doubts don't make sense at all".

311.   Or imagine that the boy questioned the truth of history (and everything that connects up with it)—and even whether the earth had existed at all a hundred years before.

312.   Here it strikes me as if this doubt were hollow. But in that case—isn't *belief* in history hollow too? No; there is so much that this connects up with.

313.   So is *that* what makes us believe a proposition? Well— the grammar of "believe" just does hang together with the grammar of the proposition believed.

314.   Imagine that the schoolboy really did ask "and is there a table there even when I turn round, and even when *no one* is there to see it?" Is the teacher to reassure him—and say "of course there is!"?
    Perhaps the teacher will get a bit impatient, but think that the boy will grow out of asking such questions.

315.   That is to say, the teacher will feel that this is not really a legitimate question at all.
    And it would be just the same if the pupil cast doubt on the uniformity of nature, that is to say on the justification of inductive arguments.—The teacher would feel that this was only holding them up, that this way the pupil would only get stuck and make no progress.—And he would be right. It would be as if someone were looking for some object in a room; he opens a drawer and doesn't see it there; then he closes it again, waits, and opens it once more to see if perhaps it isn't there now, and keeps on like that. He has not learned to look for things. And in the same way this pupil has not learned how to ask questions. He has not learned *the* game that we are trying to teach him.

316.   And isn't it the same as if the pupil were to hold up his history lesson with doubts as to whether the earth really. . . .?

317. Dieser Zweifel gehört nicht zu den Zweifeln unsers Spiels. (Nicht aber, als ob wir uns dieses Spiel aussuchten!)

12.3.51

318. 'Die Frage kommt gar nicht auf.' Ihre Antwort würde eine *Methode* charakterisieren. Es ist aber keine scharfe Grenze zwischen methodologischen Sätzen und Sätzen innerhalb einer Methode.

319. Aber müßte man dann nicht sagen, daß es keine scharfe Grenze gibt zwischen Sätzen der Logik und Erfahrungssätzen? Die Unschärfe ist eben die der Grenze zwischen *Regel* und Erfahrungssatz.

320. Hier muß man, glaube ich, daran denken, daß der Begriff 'Satz' selbst nicht scharf ist.

321. Ich sage doch: Jeder Erfahrungssatz kann umgewandelt werden in ein Postulat—und wird dann eine Norm der Darstellung. Aber auch dagegen habe ich ein Mißtrauen. Der Satz ist zu allgemein. Man möchte fast sagen "Jeder Erfahrungssatz kann, theoretisch, umgewandelt werden . . .", aber was heißt hier "theoretisch"? Es klingt eben zu sehr nach der *Log. Phil. Abh.*

322. Wie, wenn der Schüler nicht glauben wollte, daß dieser Berg seit Menschengedenken immer dagestanden ist?
Wir würden sagen, er habe ja gar keinen *Grund* zu diesem Mißtrauen.

323. Also muß vernünftiges Mißtrauen einen Grund haben?
Wir könnten auch sagen: "Der Vernünftige glaubt dies."

324. Wir würden also den nicht vernünftig nennen, der etwas, wissenschaftlicher Evidenz zum Trotz, glaubt.

325. Wenn wir sagen, wir *wissen*, daß . . ., so meinen wir daß jeder Vernünftige in unserer Lage es auch wüßte, daß es Unvernunft wäre, es zu bezweifeln. So will auch Moore nicht nur sagen, *er* wisse, daß er etc. etc., sondern auch, daß jeder Vernunftbegabte in seiner Lage es ebenso wüßte.

326. Wer sagt uns aber, was in *dieser* Lage vernünftig ist zu glauben?

317. This doubt isn't one of the doubts in our game. (But not as if we *chose* this game!)

12.3.51

318. 'The question doesn't arise at all.' Its answer would characterize a *method*. But there is no sharp boundary between methodological propositions and propositions within a method.

319. But wouldn't one have to say then, that there is no sharp boundary between propositions of logic and empirical propositions? The lack of sharpness *is* that of the boundary between *rule* and empirical proposition.

320. Here one must, I believe, remember that the concept 'proposition' itself is not a sharp one.

321. Isn't what I am saying: any empirical proposition can be transformed into a postulate—and then becomes a norm of description. But I am suspicious even of this. The sentence is too general. One almost wants to say "any empirical proposition can, theoretically, be transformed . . .", but what does "theoretically" mean here? It sounds all too reminiscent of the *Tractatus*.

322. What if the pupil refused to believe that this mountain had been there beyond human memory?
We should say that he had no *grounds* for this suspicion.

323. So rational suspicion must have grounds?
We might also say: "the reasonable man believes this".

324. Thus we should not call anybody reasonable who believed something in despite of scientific evidence.

325. When we say that we *know* that such and such . . ., we mean that any reasonable person in our position would also know it, that it would be a piece of unreason to doubt it. Thus Moore too wants to say not merely that *he* knows that he etc. etc., but also that anyone endowed with reason in his position would know it just the same.

326. But who says what it is reasonable to believe in *this* situation?

327. Man könnte also sagen: "Der vernünftige Mensch glaubt: daß die Erde längst vor seiner Geburt existiert hat, daß sein Leben sich auf der Erdoberfläche oder nicht weit von ihr abgespielt hat, daß er z. B. nie auf dem Mond war, daß er ein Nervensystem besitzt und verschiedene Innereien wie alle anderen Menschen etc. etc.

328. "Ich weiß es *so*, wie ich weiß, daß ich L. W. heiße."

329. 'Wenn er *das* bezweifelt—was immer hier "bezweifeln" heißt—dann wird er dieses Spiel nie erlernen.'

330. Der Satz "Ich weiß . . ." drückt also hier die Bereitschaft aus gewisse Dinge zu glauben.

13.3.
331. Wenn wir überhaupt auf den Glauben hinauf mit Sicherheit handeln, sollen wir uns dann wundern, daß wir an Vielem nicht zweifeln können?

332. Denk dir, jemand würde, ohne *philosophieren* zu wollen, sagen: "Ich weiß nicht, ob ich je auf dem Mond gewesen bin; ich *erinnere* mich nicht jemals dort gewesen zu sein." (Warum wäre dieser Mensch von uns so grundverschieden?)
Vor allem: Wie wüßte er denn, daß er auf dem Mond ist? wie stellt er sich das vor? Vergleiche: "Ich weiß nicht, ob ich je im Dorfe X war." Aber ich könnte auch das nicht sagen, wenn X in der Türkei läge, denn ich weiß daß ich nie in der Türkei war.

333. Ich frage jemand: "Warst du jemals in China?" Er antwortet: "Ich weiß nicht". Da würde man doch sagen: "Du *weißt* es nicht? Hast du irgend einen Grund zu glauben, du wärest vielleicht einmal dort gewesen? Warst du z. B. einmal in der Nähe der chinesischen Grenze? oder waren deine Eltern dort zur Zeit da du geboren wurdest?"—Normalerweise wissen Europäer doch, ob sie in China waren oder nicht.

334. D. h.: der Vernünftige zweifelt *daran* nur unter den und den Umständen.

335. Das Verfahren in einem Gerichtssaal beruht darauf, daß Umstände Aussagen eine gewisse Wahrscheinlichkeit geben. Die Aussage z. B. jemand sei ohne Eltern auf die Welt gekommen, würde dort nie in Erwägung gezogen werden.

327. So it might be said: "The reasonable man believes: that the earth has been there since long before his birth, that his life has been spent on the surface of the earth, or near it, that he has never, for example, been on the moon, that he has a nervous system and various innards like all other people, etc., etc."

328. "I know it *as* I know that my name is L. W."

329. 'If he calls *that* in doubt—whatever "doubt" means here—he will never learn this game'.

330. So here the sentence "I know . . ." expresses the readiness to believe certain things.

13.3.
331. If we ever do act with certainty on the strength of belief, should we wonder that there is much we cannot doubt?

332. Imagine that someone were to say, without wanting to *philosophize*, "I don't know if I have ever been on the moon; I don't *remember* ever having been there". (Why would this person be so radically different from us?)

In the first place—how would he know that he was on the moon? How does he imagine it? Compare: "I do not know if I was ever in the village of X." But neither could I say that if X were in Turkey, for I know that I was never in Turkey.

333. I ask someone "Have you ever been in China?" He replies "I don't know". Here one would surely say "You don't *know*? Have you any reason to believe you might have been there at some time? Were you for example ever near the Chinese border? Or were your parents there at the time when you were going to be born?"—Normally Europeans do know whether they have been in China or not.

334. That is to say: only in such-and-such circumstances does a reasonable person doubt *that*.

335. The procedure in a court of law rests on the fact that circumstances give statements a certain probability. The statement that, for example, someone came into the world without parents wouldn't ever be taken into consideration there.

336. Aber was Menschen vernünftig oder unvernünftig erscheint, ändert sich. Zu gewißen Zeiten scheint Menschen etwas vernünftig, was zu andern Zeiten unvernünftig schien. U. u.

Aber gibt es hier nicht ein objektives Merkmal?

Sehr gescheite und gebildete Leute glauben an die Schöpfungsgeschichte der Bibel und andere halten sie für erwiesenermaßen falsch, und dieser Gründe sind jenen bekannt.

337. Man kann nicht experimentieren wenn man nicht manches nicht bezweifelt. Das heißt aber nicht, daß man dann gewisse Voraussetzungen auf guten Glauben hinnimmt. Wenn ich einen Brief schreibe und aufgebe, so nehme ich an daß er ankommen wird, das erwarte ich.

Wenn ich experimentiere, so zweifle ich nicht an der Existenz des Apparates den ich vor den Augen habe. Ich habe eine Menge Zweifel, aber nicht *den*. Wenn ich eine Rechnung mache, so glaube ich, ohne Zweifel, daß sich die Ziffern auf dem Papier nicht von selbst vertauschen, auch vertraue ich fortwährend meinem Gedächtnis und vertraue ihm unbedingt. Es ist hier dieselbe Sicherheit wie, daß ich nie auf dem Mond war.

338. Denken wir uns aber Leute die dieser Sachen nie ganz sicher wären, aber wohl sagten, es sei *sehr* wahrscheinlich so und es lohne sich nicht daran zu zweifeln. So einer würde also, wenn er in meiner Lage wäre, sagen: "Es ist höchst unwahrscheinlich, daß ich je auf dem Mond war", etc. etc.. *Wie* würde sich das Leben dieser Leute von unserem unterscheiden? Es gibt ja Leute, die sagen, es sei nur höchst wahrscheinlich, daß das Wasser im Kessel, der über'm Feuer steht, kochen und nicht gefrieren wird, es sei also strenggenommen was wir als unmöglich ansehen nur unwahrscheinlich. Welchen Unterschied macht dies in ihrem Leben? Ist es nicht nur, daß sie über gewisse Dinge etwas mehr reden, als die Andern?

339. Denk dir einen Menschen der seinen Freund vom Bahnhof abholen soll, und nun nicht einfach im Fahrplan nachsucht und zur gewissen Zeit auf den Bahnhof geht, sondern er sagt: "Ich glaube *nicht* daß der Zug wirklich ankommen wird, aber ich werde dennoch zur Bahn gehen." Er tut alles was der gewöhnliche Mensch tut, begleitet es aber mit Zweifeln oder Unwillen über sich selbst, etc.

340. Mit derselben Gewißheit, mit der wir *irgend* einen mathematischen Satz glauben, wissen wir auch, wie die Buchstaben

336. But what men consider reasonable or unreasonable alters. At certain periods men find reasonable what at other periods they found unreasonable. And vice versa.

But is there no objective character here?

Very intelligent and well-educated people believe in the story of creation in the Bible, while others hold it as proven false, and the grounds of the latter are well known to the former.

337. One cannot make experiments if there are not some things that one does not doubt. But that does not mean that one takes certain presuppositions on trust. When I write a letter and post it, I take it for granted that it will arrive—I expect this.

If I make an experiment I do not doubt the existence of the apparatus before my eyes. I have plenty of doubts, but not *that*. If I do a calculation I believe, without any doubts, that the figures on the paper aren't switching of their own accord, and I also trust my memory the whole time, and trust it without any reservation. The certainty here is the same as that of my never having been on the moon.

338. But imagine people who were never quite certain of these things, but said that they were *very* probably so, and that it did not pay to doubt them. Such a person, then, would say in my situation: "It is extremely unlikely that I have ever been on the moon", etc., etc. *How* would the life of these people differ from ours? For there *are* people who say that it is merely extremely probable that water over a fire will boil and not freeze, and that therefore strictly speaking what we consider impossible is only improbable. What difference does this make in their lives? Isn't it just that they talk rather more about certain things than the rest of us?

339. Imagine someone who is supposed to fetch a friend from the railway station and doesn't simply look the train up in the time-table and go to the station at the right time, but says: "I have *no* belief that the train will really arrive, but I will go to the station all the same." He does everything that the normal person does, but accompanies it with doubts or with self-annoyance, etc.

340. We know, with the same certainty with which we believe *any* mathematical proposition, how the letters A and B are pro-

"A" und "B" auszusprechen sind, wie die Farbe des menschlichen Bluts heißt, daß andre Menschen Blut haben und es "Blut" nennen.

341. D. h., die *Fragen*, die wir stellen, und unsre *Zweifel* beruhen darauf, daß gewisse Sätze vom Zweifel ausgenommen sind, gleichsam die Angeln, in welchen jene sich bewegen.

342. D. h., es gehört zur Logik unsrer wissenschaftlichen Untersuchungen, daß Gewisses *in der Tat* nicht angezweifelt wird.

343. Es ist aber damit nicht so, daß wir eben nicht alles untersuchen *können*: und uns daher notgedrungen mit der Annahme zufriedenstellen müssen. Wenn ich will, daß die Türe sich drehe, müssen die Angeln feststehen.

344. Mein *Leben* besteht darin, daß ich mich mit manchem zufrieden gebe.

345. Wenn ich frage "Welche Farbe siehst du jetzt", um nämlich zu erfahren, welche Farbe jetzt dort ist, so kann ich nicht zu gleicher Zeit auch bezweifeln, ob der Angeredete Deutsch versteht, ob er mich hintergehen will, ob mein eigenes Gedächtnis die Bedeutung der Farbnamen betreffend mich nicht im Stich läßt, etc.

346. Wenn ich Einen im Schach Matt zu setzen suche, kann ich nicht zweifeln, ob die Figuren nicht etwa von selbst ihre Stellungen wechseln und zugleich mein Gedächtnis mir einen Streich spielt, daß ich's nicht merke.

15.3.51

347. "I know that that's a tree." Warum kommt mir vor, ich verstünde den Satz nicht? obwohl er doch ein höchst einfacher Satz von der gewöhnlichsten Art ist? Es ist als könnte ich meinen Geist nicht auf irgendeine Bedeutung einstellen. Weil ich nämlich die Einstellung nicht in dem Bereiche suche, wo sie ist. Sowie ich aus der philosophischen an eine alltägliche Anwendung des Satzes denke, wird sein Sinn klar und gewöhnlich.

348. So wie die Worte "Ich bin hier" nur in gewissen Zusammenhängen Sinn haben, nicht aber, wenn ich sie Einem sage, der mir gegenüber sitzt und mich klar sieht,—und zwar nicht darum, weil sie dann überflüssig sind, sondern weil ihr Sinn durch die Situation nicht *bestimmt* ist, aber so eine Bestimmung braucht.

44

nounced, what the colour of human blood is called, that other human beings have blood and call it "blood".

341. That is to say, the *questions* that we raise and our *doubts* depend on the fact that some propositions are exempt from doubt, are as it were like hinges on which those turn.

342. That is to say, it belongs to the logic of our scientific investigations that certain things are *in deed* not doubted.

343. But it isn't that the situation is like this: We just *can't* investigate everything, and for that reason we are forced to rest content with assumption. If I want the door to turn, the hinges must stay put.

344. My *life* consists in my being content to accept many things.

345. If I ask someone "what colour do you see at the moment?", in order, that is, to learn what colour is there at the moment, I cannot at the same time question whether the person I ask understands English, whether he wants to take me in, whether my own memory is not leaving me in the lurch as to the names of colours, and so on.

346. When I am trying to mate someone in chess, I cannot have doubts about the pieces perhaps changing places of themselves and my memory simultaneously playing tricks on me so that I don't notice.

15.3.51
347. "I know that that's a tree." Why does it strike me as if I did not understand the sentence? though it is after all an extremely simple sentence of the most ordinary kind? It is as if I could not focus my mind on any meaning. Simply because I don't look for the focus where the meaning is. As soon as I think of an everyday use of the sentence instead of a philosophical one, its meaning becomes clear and ordinary.

348. Just as the words "I am here" have a meaning only in certain contexts, and not when I say them to someone who is sitting in front of me and sees me clearly,—and not because they are superfluous, but because their meaning is not *determined* by the situation, yet stands in need of such determination.

349. "Ich weiß, daß das ein Baum ist"—dies kann alles mögliche bedeuten: Ich schaue auf eine Pflanze, die ich für eine junge Buche, der Andre für eine Ribiselpflanze halte. Er sagt "Das ist ein Strauch", ich, es sei ein Baum.—Wir sehen im Nebel etwas, was einer von uns für einen Menschen hält, der Andre sagt "Ich weiß, daß das ein Baum ist". Jemand will meine Augen prüfen etc. etc.—etc. etc. Jedesmal ist das 'das', was ich für einen Baum erkläre, von andrer Art.

Wie aber, wenn wir uns bestimmter ausdrückten? also z. B.: "Ich weiß, daß das dort ein Baum ist, ich sehe es klar genug."— Nehmen wir sogar an, ich hätte im Zusammenhang eines Gesprächs diese Bemerkung gemacht (die also damals relevant war); und nun, außer allem Zusammenhang, wiederhole ich sie, indem ich den Baum ansehe, und ich setze hinzu "Ich meine diese Worte so wie vor 5 Minuten."—Wenn ich z. B. dazu sagte, ich hätte wieder an meine schlechten Augen gedacht und es sei eine Art Seufzer gewesen, so wäre nichts rätselhaftes an der Äußerung.

Wie der Satz *gemeint* ist, kann ja durch eine Ergänzung des Satzes ausgedrückt werden und läßt sich also mit ihm vereinigen.

350. "Ich weiß, daß das ein Baum ist" sagt ein Philosoph etwa, um sich selbst oder einem Andern vor Augen zu führen, er *wisse* etwas, was keine mathematische oder logische Wahrheit sei. Ähnlich könnte jemand, der mit dem Gedanken umgeht, er sei zu nichts mehr zu brauchen, sich immer wieder sagen "Ich kann noch immer das und das und das tun". Gingen solche Gedanken öfter in seinem Kopf herum, so würde man sich nicht darüber wundern, wenn er, scheinbar außer allem Zusammenhang, so einen Satz vor sich hinspräche. (Ich habe aber hier bereits einen Hintergrund, eine Umgebung für diese Äußerungen eingezeichnet, ihnen also einen Zusammenhang gegeben). Wenn Einer dagegen, unter ganz heterogenen Umständen, mit der überzeugendsten Mimik ausriefe "Nieder mit ihm!", so könnte man von diesen Worten (und ihrem Tone) sagen, sie seien eine Figur, die allerdings wohlbekannte Anwendungen habe, hier aber sei es nicht einmal klar, welche *Sprache* der Betreffende rede. Ich könnte mit meiner Hand die Bewegung machen, die zu machen wäre, wenn ich einen Fuchsschwanz in der Hand hätte und ein Brett durchsägte; aber hatte man ein Recht diese Bewegung außer allem Zusammenhang ein *Sägen* zu nennen? (Sie könnte ja auch etwas ganz anderes sein!)

349. "I know that that's a tree"—this may mean all sorts of things: I look at a plant that I take for a young beech and that someone else thinks is a black-currant. He says "that is a shrub"; I say it is a tree.—We see something in the mist which one of us takes for a man, and the other says "I know that that's a tree". Someone wants to test my eyes etc. etc.—etc. etc. Each time the 'that' which I declare to be a tree is of a different kind.

But what when we express ourselves more precisely? For example: "I know that that thing there is a tree, I can see it quite clearly."—Let us even suppose I had made this remark in the context of a conversation (so that it was relevant when I made it); and now, out of all context, I repeat it while looking at the tree, and I add "I mean these words as I did five minutes ago". If I added, for example, that I had been thinking of my bad eyes again and it was a kind of sigh, then there would be nothing puzzling about the remark.

For how a sentence is *meant* can be expressed by an expansion of it and may therefore be made part of it.

350. "I know that that's a tree" is something a philosopher might say to demonstrate to himself or to someone else that he *knows* something that is not a mathematical or logical truth. Similarly, someone who was entertaining the idea that he was no use any more might keep repeating to himself "I can still do this and this and this". If such thoughts often possessed him one would not be surprised if he, apparently out of all context, spoke such a sentence out loud. (But here I have already sketched a background, a surrounding, for this remark, that is to say given it a context.) But if someone, in quite heterogeneous circumstances, called out with the most convincing mimicry: "Down with him!", one might say of these words (and their tone) that they were a pattern that does indeed have familiar applications, but that in this case it was not even clear what *language* the man in question was speaking. I might make with my hand the movement I should make if I were holding a hand-saw and sawing through a plank; but would one have any right to call this movement *sawing*, out of all context?—(It might be something quite different!)

351. Ist nicht die Frage "Haben diese Worte Sinn?" ähnlich der: "Ist das ein Werkzeug?", indem man, sagen wir, einen Hammer herzeigt. Ich sage "Ja, das ist ein Hammer". Aber wie, wenn das, was jeder von uns für einen Hammer hielte, wo anders z. B. ein Wurfgeschoß, oder Dirigentenstock wäre. Mache die Anwendung nun selbst!

352. Sagt nun jemand "Ich weiß, daß das ein Baum ist", so kann ich antworten: "Ja, das ist ein Satz. Ein deutscher Satz. Und was soll's damit?" Wie wenn er nun antwortet: "Ich wollte mich nur daran erinnern, daß ich so etwas *weiß*"?——

353. Wie aber, wenn er sagte: "Ich will eine logische Bemerkung machen?"——Wenn der Förster mit seinen Arbeitern in den Wald geht und nun sagt "*Dieser* Baum ist umzuhauen, und *dieser* und *dieser*"——wie, wenn er da die Bemerkung macht "Ich *weiß*, daß das ein Baum ist"?—Könnte aber nicht ich vom Förster sagen "Er *weiß*, daß das ein Baum ist, er untersucht es nicht, befiehlt seinen Leuten nicht es zu untersuchen"?

354. Zweifelndes und Nichtzweifelndes Benehmen. Es gibt das erste nur, wenn es das zweite gibt.

355. Der Irrenarzt etwa könnte mich fragen "Weißt du, was das ist", und ich antworten: "ich weiß, daß das ein Sessel ist; ich kenne ihn, er ist immer schon in meinem Zimmer gestanden." Er prüft da vielleicht nicht meine Augen, sondern mein Vermögen, Dinge wiederzuerkennen, ihren Namen und ihre Funktion zu wissen. Es handelt sich da um ein Sich-auskennen. Es wäre nun für mich falsch zu sagen "Ich glaube, daß das ein Sessel ist", weil dadurch die Bereitschaft zur Prüfung der Aussage ausgedrückt wäre. Während "Ich weiß, daß das . . ." impliziert, daß *Verblüffung* einträte, wenn die Bestätigung nicht einträte.

356. Mein 'Seelenzustand', das "Wissen" steht mir nicht gut für das, was geschehen wird. Er besteht aber darin, daß ich nicht verstünde, wo ein Zweifel ansetzen könnte, wo eine Überprüfung möglich wäre.

357. Man könnte sagen: "'Ich weiß' drückt die *beruhigte* Sicherheit aus, nicht die noch kämpfende."

358. Ich möchte nun diese Sicherheit nicht als etwas der Vorschnellheit oder Oberflächlichkeit verwandtes ansehen, sondern als (eine) Lebensform. (Das ist sehr schlecht ausgedrückt und wohl auch schlecht gedacht.)

351. Isn't the question "Have these words a meaning?" similar to "Is that a tool?" asked as one produces, say, a hammer? I say "Yes, it's a hammer". But what if the thing that any of us would take for a hammer were somewhere else a missile, for example, or a conductor's baton? Now make the application yourself.

352. If someone says, "I know that that's a tree" I may answer: "Yes, that is a sentence. An English sentence. And what is it supposed to be doing?" Suppose he replies: "I just wanted to remind myself that I *know* things like that"?———

353. But suppose he said "I want to make a logical observation"?———If a forester goes into a wood with his men and says "*This* tree has got to be cut down, and *this* one and *this* one"———what if he then observes "I *know* that that's a tree"? —But might not *I* say of the forester "He *knows* that that's a tree—he doesn't examine it, or order his men to examine it"?

354. Doubting and non-doubting behaviour. There is the first only if there is the second.

355. A mad-doctor (perhaps) might ask me "Do you know what that is?" and I might reply "I know that it's a chair; I recognize it, it's always been in my room". He says this, possibly, to test not my eyes but my ability to recognize things, to know their names and their functions. What is in question here is a kind of knowing one's way about. Now it would be wrong for me to say "I believe that it's a chair" because that would express my readiness for my statement to be tested. While "I know that it ..." implies *bewilderment* if what I said was not confirmed.

356. My 'mental state', the "knowing", gives me no guarantee of what will happen. But it consists in this, that I should not understand where a doubt could get a foothold nor where a further test was possible.

357. One might say: " 'I know' expresses *comfortable* certainty, not the certainty that is still struggling."

358. Now I would like to regard this certainty, not as something akin to hastiness or superficiality, but as a form of life. (That is very badly expressed and probably badly thought as well.)

359. Das heißt doch, ich will sie als etwas auffassen, was jenseits von berechtigt und unberechtigt liegt; also gleichsam als etwas animalisches.

360. Ich WEISS, daß dies mein Fuß ist. Ich könnte keine Erfahrung als Beweis des Gegenteils anerkennen.—Das kann ein Ausruf sein; aber was *folgt* daraus? Jedenfalls, daß ich mit einer Sicherheit, die den Zweifel nicht kennt, meinem Glauben gemäß handeln werde.

361. Ich könnte aber auch sagen: Es ist mir von Gott geoffenbart, daß das so ist. Gott hat mich gelehrt, daß das mein Fuß ist. Und geschähe also etwas, was dieser Erkenntnis zu widerstreiten scheint, so müßte ich *das* als Trug ansehen.

362. Aber zeigt sich hier nicht, daß das Wissen mit einer Entscheidung verwandt ist?

363. Und es ist hier schwer den Übergang von dem, was man ausrufen möchte, zu den Folgen in der Handlungsweise zu finden.

364. Man könnte auch so fragen: "Wenn du weißt, daß das dein Fuß ist,—weißt du da auch, oder glaubst du nur, daß keine zukünftige Erfahrung deinem Wissen widersprechen zu scheinen wird?" (d. h., daß sie *dir selbst* nicht so scheinen wird?).

365. Wenn nun Einer antwortete: "Ich weiß auch, daß es mir nie so *scheinen* wird, als widerspräche etwas jener Erkenntnis",— was können wir daraus entnehmen? als daß er selbst nicht zweifelte es werde das nie geschehen.—

366. Wie wenn es verboten wäre zu sagen "Ich weiß" und erlaubt nur zu sagen "Ich glaube zu wissen"?

367. Ist nicht der Zweck, ein Wort wie "wissen" analog mit "glauben" zu konstruieren, daß dann der Aussage "Ich weiß" ein Opprobrium anhaftet, wenn, wer es sagt, sich geirrt hat.
Ein Irrtum wird dadurch zu etwas Unerlaubtem.

368. Wenn Einer sagt, er werde keine Erfahrung als Beweis des Gegenteils anerkennen, so ist das doch eine *Entscheidung*. Es ist möglich daß er ihr zuwider handeln wird.

359. But that means I want to conceive it as something that lies beyond being justified or unjustified; as it were, as something animal.

360. I KNOW that this is my foot. I could not accept any experience as proof to the contrary.—That may be an exclamation; but what *follows* from it? At least that I shall act with a certainty that knows no doubt, in accordance with my belief.

361. But I might also say: It has been revealed to me by God that it is so. God has taught me that this is my foot. And therefore if anything happened that seemed to conflict with this knowledge I should have to regard *that* as deception.

362. But doesn't it come out here that knowledge is related to a decision?

363. And here it is difficult to find the transition from the exclamation one would like to make, to its consequences in what one does.

364. One might also put this question: "If you know that that is your foot,—do you also know, or do you only believe, that no future experience will seem to contradict your knowledge?" (That is, that nothing will seem to *you yourself* to do so.)

365. If someone replied: "I also know that it will never *seem* to me as if anything contradicted that knowledge",—what could we gather from that, except that he himself had no doubt that it would never happen?—

366. Suppose it were forbidden to say "I know" and only allowed to say "I believe I know"?

367. Isn't it the purpose of construing a word like "know" analogously to "believe" that then opprobrium attaches to the statement "I know" if the person who makes it is wrong?

As a result a mistake becomes something forbidden.

368. If someone says that he will recognize no experience as proof of the opposite, that is after all a *decision*. It is possible that he will act against it.

369. Wenn ich zweifeln wollte, daß dies meine Hand ist, wie könnte ich da umhin zu zweifeln, daß das Wort "Hand" irgend eine Bedeutung hat? Das scheine ich also doch zu *wissen*.

370. Richtiger aber: Daß ich ohne Skrupel das Wort "Hand" und alle übrigen Wörter meines Satzes gebrauche, ja daß ich vor dem Nichts stünde, sowie ich auch nur versuchen wollte zu zweifeln,—zeigt daß die Zweifellosigkeit zum Wesen des Sprachspiels gehört, daß die Frage "Wie weiß ich ..." das Sprachspiel hinauszieht, oder aufhebt.

371. Heißt nicht "Ich weiß, daß das eine Hand ist" in Moore's Sinn das gleiche oder etwas ähnliches wie: ich könne Aussagen wie: "Ich habe Schmerzen in dieser Hand", oder "Diese Hand ist schwächer als die andre", oder "Ich habe mir einmal diese Hand gebrochen", und unzählige andere in Sprachspielen gebrauchen, in welche ein Zweifel an der Existenz dieser Hand nicht eintritt.

372. Nur in gewissen Fällen ist eine Untersuchung "Ist das wirklich eine Hand?" (oder "meine Hand") möglich. Denn der Satz "Ich zweifle daran, ob das wirklich meine (oder eine) Hand ist" hat ohne nähere Bestimmung noch keinen Sinn. Es ist aus diesen Worten allein noch nicht zu ersehen ob überhaupt und was für ein Zweifel gemeint ist.

373. Warum soll es möglich sein, einen Grund zum *Glauben* zu haben, wenn es nicht möglich ist sicher zu sein?

374. Wir lehren das Kind "Das ist deine Hand", nicht "Das ist vielleicht [oder "wahrscheinlich"] deine Hand". So lernt das Kind die unzähligen Sprachspiele, die sich mit seiner Hand beschäftigen. Eine Untersuchung oder Frage, 'ob dies wirklich eine Hand sei' kommt ihm gar nicht unter. Anderseits lernt es auch nicht: es *wisse*, daß dies eine Hand sei.

375. Man muß hier einsehen, daß die vollkommene Zweifellosigkeit in einem Punkt, sogar dort wo, wie wir sagen würden, 'berechtigte' Zweifel bestehen können, ein Sprachspiel nicht falsifizieren muß. Es gibt eben auch so etwas wie eine *andere* Arithmetik.

Dieses Eingeständnis muß, glaube ich, am Grunde alles Verständnisses der Logik liegen.

369. If I wanted to doubt whether this was my hand, how could I avoid doubting whether the word "hand" has any meaning? So that is something I seem to *know* after all.

370. But more correctly: The fact that I use the word "hand" and all the other words in my sentence without a second thought, indeed that I should stand before the abyss if I wanted so much as to try doubting their meanings—shews that absence of doubt belongs to the essence of the language-game, that the question "How do I know . . ." drags out the language-game, or else does away with it.

371. Doesn't "I know that that's a hand", in Moore's sense, mean the same, or more or less the same, as : I can make statements like "I have a pain in this hand" or "this hand is weaker than the other" or "I once broke this hand", and countless others, in language-games where a doubt as to the existence of this hand does not come in?

372. Only in certain cases is it possible to make an investigation "is that really a hand?" (or "my hand"). For "I doubt whether that is really my (or a) hand" makes no sense without some more precise determination. One cannot tell from these words alone whether any doubt at all is meant—nor what kind of doubt.

373. Why should it be possible to have grounds for *believing* anything if it isn't possible to be certain?

374. We teach a child "that is your hand", not "that is perhaps [or "probably"] your hand". That is how a child learns the innumerable language-games that are concerned with his hand. An investigation or question, 'whether this is really a hand' never occurs to him. Nor, on the other hand, does he learn that he *knows* that this is a hand.

375. Here one must realize that complete absence of doubt at some point, even where we would say that 'legitimate' doubt can exist, need not falsify a language-game. For there is also something like *another* arithmetic.

I believe that this admission must underlie any understanding of logic.

376. Ich kann mich mit Leidenschaft dafür erklären, daß ich weiß, daß das (z. B.) mein Fuß ist.

377. Aber diese Leidenschaft ist doch etwas (sehr) seltenes und es ist von ihr keine Spur, wenn ich für gewöhnlich von diesem Fuß rede.

378. Das Wissen gründet sich am Schluß auf der Anerkennung.

379. Ich sage mit Leidenschaft "Ich *weiß*, daß das ein Fuß ist"— aber was *bedeutet* es?

380. Ich könnte fortfahren: "Nichts auf der Welt wird mich vom Gegenteil überzeugen!" Das Faktum ist für mich am Grunde aller Erkenntnis. Ich werde anderes aufgeben, aber nicht das.

381. Dieses "Nichts auf der Welt ..." ist offenbar eine Einstellung die man nicht gegenüber alledem hat, was man glaubt, oder dessen man sicher ist.

382. Es ist damit nicht gesagt, daß wirklich nichts auf der Welt im Stande sein wird, mich eines andern zu überzeugen.

383. Das Argument "Vielleicht träume ich" ist darum sinnlos, weil dann eben auch diese Äußerung geträumt ist, ja auch *das*, daß diese Worte eine Bedeutung haben.

384. Welcher Art ist nun der Satz "Nichts auf der Welt ..."?

385. Er hat die Form einer Vorhersage, ist aber (natürlich) nicht eine, die auf Erfahrung beruht.

386. Wer, wie Moore, sagt, er *wisse*, daß ...—gibt den Grad der Gewißheit an, den etwas für ihn hat. Und es ist wichtig, daß es für diesen Grad ein Maximum gibt.

387. Man könnte mich fragen: "Wie sicher bist du: daß das dort ein Baum ist; daß du Geld in der Tasche hast; daß das dein Fuß ist?" Und die Antwort könnte in einem Fall sein "nicht sicher", in einem andern "so gut wie sicher", im dritten "Ich kann nicht zweifeln". Und diese Antworten hätten Sinn auch ohne alle Gründe. Ich brauchte z. B. nicht sagen: "Ich kann nicht sicher sein, ob das ein Baum ist, weil meine Augen nicht

376. I may claim with passion that I know that this (for example) is my foot.

377. But this passion is after all something very rare, and there is no trace of it when I talk of this foot in the ordinary way.

378. Knowledge is in the end based on acknowledgement.

379. I say with passion "I *know* that this is a foot"—but what does it *mean*?

380. I might go on: "Nothing in the world will convince me of the opposite!" For me this fact is at the bottom of all knowledge. I shall give up other things but not this.

381. This "Nothing in the world" is obviously an attitude which one hasn't got towards everything one believes or is certain of.

382. That is not to say that nothing in the world will in fact be able to convince me of anything else.

383. The argument "I may be dreaming" is senseless for this reason: if I am dreaming, this remark is being dreamed as well—and indeed it is also being dreamed that these words have any meaning.

384. Now what kind of sentence is "Nothing in the world . . ."?

385. It has the form of a prediction, but of course it is not one that is based on experience.

386. Anyone who says, with Moore, that he knows that so and so . . .—gives the degree of certainty that something has for him. And it is important that this degree has a maximum value.

387. Someone might ask me: "How certain are you that that is a tree over there; that you have money in your pocket; that that is your foot?" And the answer in one case might be "not certain", in another "as good as certain", in the third "I can't doubt it". And these answers would make sense even without any grounds. I should not need, for example, to say: "I can't be certain whether that is a tree because my eyes aren't sharp enough". I want to

scharf genug sind." Ich will sagen: es hatte Sinn für Moore zu sagen "Ich *weiß*, daß das ein Baum ist" wenn er damit etwas ganz bestimmtes sagen wollte.

[Ich glaube einen Philosophen, einen der selbst denken kann, könnte es interessieren meine Noten zu lesen. Denn wenn ich auch nur selten in's Schwarze getroffen habe, so würde er doch erkennen, nach welchen Zielen ich unablässig geschossen habe.]

388. Jeder von uns gebraucht oft einen solchen Satz und es ist nicht fraglich, ob er Sinn hat. Läßt sich damit auch ein philosophischer Aufschluß geben? Ist es mehr ein Beweis der Existenz der äußern Dinge, daß ich weiß, daß das eine Hand ist, als daß ich nicht weiß, ob das Gold oder Messing ist?

18.3.

389. Moore wollte ein Beispiel dafür geben, daß man Sätze über physikalische Gegenstände wirklich wissen könne. Wenn es streitig wäre ob man an der und der bestimmten Stelle des Körpers Schmerzen haben kann, dann könnte Einer, der gerade dort Schmerzen hat, sagen: "Ich versichere dich, ich habe jetzt da Schmerzen". Es klänge aber seltsam, wenn Moore gesagt hätte: "Ich versichere dich, ich weiß, daß das ein Baum ist." Es hat eben hier nicht ein persönliches Erlebnis für uns Interesse.

390. Wichtig ist es nur, daß es Sinn hat zu sagen, man wisse so etwas; und daher kann die Versicherung, man wisse es, hier nichts ausrichten.

391. Denk dir ein Sprachspiel "Wenn ich dich rufe, komm zur Tür herein". In allen gewöhnlichen Fällen wird ein Zweifel, ob wirklich eine Tür da ist, unmöglich sein.

392. Was ich zeigen muß, ist, daß ein Zweifel nicht notwendig ist, auch wenn er möglich ist. Daß die Möglichkeit des Sprachspiels nicht davon abhängt, daß alles bezweifelt werde, was bezweifelt werden kann. (Das hängt mit der Rolle des Widerspruchs in der Mathematik zusammen.)

393. Der Satz "Ich weiß, daß das ein Baum ist" könnte, wenn er außerhalb seines Sprachspiels gesagt wird, auch ein Zitat (aus einer deutschen Sprachlehre etwa) sein.—"Aber wenn ich ihn nun *meine*, während ich ihn spreche?" Das alte Mißverständnis den Begriff 'meinen' betreffend.

say: it made sense for Moore to say "I *know* that that is a tree", if he meant something quite particular by it.

[I believe it might interest a philosopher, one who can think himself, to read my notes. For even if I have hit the mark only rarely, he would recognize what targets I had been ceaselessly aiming at.]

388. Every one of us often uses such a sentence, and there is no question but that it makes sense. But does that mean it yields any philosophical conclusion? Is it more of a proof of the existence of external things, that I know that this is a hand, than that I don't know whether that is gold or brass?

18.3.

389. Moore wanted to give an example to shew that one really can *know* propositions about physical objects.—If there were a dispute whether one could have a pain in such and such a part of the body, then someone who just then had a pain in that spot might say: "I assure you, I have a pain there now." But it would sound odd if Moore had said: "I assure you, I know that's a tree." A personal experience simply has no interest for us here.

390. All that is important is that it makes sense to say that one knows such a thing; and consequently the assurance that one does know it can't accomplish anything here.

391. Imagine a language-game "When I call you, come in through the door". In any ordinary case, a doubt whether there really is a door there will be impossible.

392. What I need to shew is that a doubt is not necessary even when it is possible. That the possibility of the language-game doesn't depend on everything being doubted that can be doubted. (This is connected with the role of contradiction in mathematics.)

393. The sentence "I know that that's a tree" if it were said outside its language-game, might also be a quotation (from an English grammar-book perhaps).—"But suppose I *mean* it while I am saying it?" The old misunderstanding about the concept 'mean'.

394. "Dies gehört zu den Dingen, an denen ich nicht zweifeln kann."

395. "Ich weiß das alles." Und das wird sich darin zeigen, wie ich handle und über die Dinge spreche.

396. Im Sprachspiel (2),[1] kann er sagen, er wisse, daß das Bausteine sind?—"Nein, aber er *weiß* es."

397. Habe ich mich nicht geirrt und hat nicht Moore vollkommen recht? Habe ich nicht den elementaren Fehler gemacht, zu verwechseln was man denkt mit dem, was man weiß? Freilich denke ich nicht "Die Erde hat einige Zeit vor meiner Geburt schon existiert", aber *weiß* ich's drum nicht? Zeige ich nicht, daß ich's weiß, indem ich immer die Konsequenzen draus ziehe?

398. Weiß ich nicht auch, daß von diesem Haus keine Stiege 6 Stock tief in die Erde führt, obgleich ich noch nie dran gedacht habe?

399. Aber zeigt, daß ich die Konsequenzen draus ziehe, nicht nur, daß ich diese Hypothese annehme?

19.3.

400. Ich bin hier geneigt, gegen Windmühlen zu kämpfen, weil ich das noch nicht sagen kann, was ich eigentlich sagen will.

401. Ich will sagen: Sätze von der Form der Erfahrungssätze und nicht nur Sätze der Logik gehören zum Fundament alles Operierens mit Gedanken (mit der Sprache).—Diese Feststellung ist nicht von der Form "Ich weiß, ...". "Ich weiß, ..." sagt aus, was *ich* weiß, und das ist nicht von logischem Interesse.

402. In dieser Bemerkung ist schon der Ausdruck "Sätze von der Form der Erfahrungssätze" ganz schlecht; es handelt sich um Aussagen über Gegenstände. Und sie dienen nicht als Fundamente wie Hypothesen, die, wenn sie sich als falsch erweisen, durch andere ersetzt werden.

    ... und schreib getrost
      "Im Anfang war die Tat."[2]

---

[1] *Philosophische Untersuchungen* 1§ 2. (*Herausg*).
[2] Goethe, *Faust* I (*Herausg*.)

394. "This is one of the things that I cannot doubt."

395. "I know all that." And that will come out in the way I act and in the way I speak about the things in question.

396. In the language-game (2),[1] can he say that he knows that those are building stones?—"No, but he *does* know it."

397. Haven't I gone wrong and isn't Moore perfectly right? Haven't I made the elementary mistake of confusing one's thoughts with one's knowledge? Of course I do not think to myself "The earth already existed for some time before my birth", but do I *know* it any the less? Don't I show that I know it by always drawing its consequences?

398. And don't I know that there is no stairway in this house going six floors deep into the earth, even though I have never thought about it?

399. But doesn't my drawing the consequences only show that I accept this hypothesis?

19.3.
400. Here I am inclined to fight windmills, because I cannot yet say the thing I really want to say.

401. I want to say: propositions of the form of empirical propositions, and not only propositions of logic, form the foundation of all operating with thoughts (with language).— This observation is not of the form "I know . . .". "I know . . ." states what *I* know, and that is not of logical interest.

402. In this remark the expression "propositions of the form of empirical propositions" is itself thoroughly bad; the statements in question are statements about material objects. And they do not serve as foundations in the same way as hypotheses which, if they turn out to be false, are replaced by others.
　. . . und schreib getrost
　"Im Anfang war die Tat."[2]

---

[1] *Philosophical Investigations* I §2.　*Eds.*
[2] . . . and write with confidence
　"In the beginning was the deed."
　　　Goethe, *Faust* I. Trans.

403. Vom Menschen, in Moore's Sinne zu sagen, er *wisse* etwas; was er sage sei also unbedingt die Wahrheit, scheint mir falsch.—Es ist die Wahrheit nur insofern, als es eine unwankende Grundlage seiner Sprachspiele ist.

404. Ich will sagen: Es ist nicht so, daß der Mensch in gewissen Punkten mit vollkommener Sicherheit die Wahrheit weiß. Sondern die vollkommene Sicherheit bezieht sich nur auf seine Einstellung.

405. Aber auch hier ist natürlich noch ein Fehler.

406. Das, worauf ich abziele, liegt auch in dem Unterschied zwischen der beiläufigen Feststellung "Ich weiß, daß das ...", wie sie im gewöhnlichen Leben gebraucht wird, und dieser Äußerung, wenn der Philosoph sie macht.

407. Denn wenn Moore sagt "Ich weiß, daß das ... ist", möchte ich antworten: "Du *weißt* gar nichts!" Und doch würde ich das dem nicht antworten, der ohne philosophische Absicht so spricht. Ich fühle also (ob mit Recht?), daß diese zwei Verschiedenes sagen wollen.

408. Denn sagt Einer, er *wisse* das und das, und das gehört zu seiner Philosophie,—so ist sie falsch, wenn er in jener Aussage fehl gegangen ist.

409. Wenn ich sage "Ich weiß, daß das ein Fuß ist"—was sage ich eigentlich? Ist nicht der ganze Witz, daß ich der Konsequenzen sicher bin, daß, wenn ein Andrer gezweifelt hätte, ich ihm sagen könnte "Siehst du, ich hab dir's gesagt"? Wäre mein Wissen noch etwas wert, wenn es als Richtschnur des Handelns versagte? Und *kann* es nicht versagen?

20.3.

410. Unser Wissen bildet ein großes System. Und nur in diesem System hat das Einzelne den Wert, den wir ihm beilegen.

411. Wenn ich sage "*Wir nehmen an,* daß die Erde schon viele Jahre existiert habe" (oder dergl.), so klingt es freilich sonderbar, daß wir so etwas *annehmen* sollten. Aber im ganzen System unsrer Sprachspiele gehört es zum Fundament. Die Annahme, kann man sagen, bildet die Grundlage des Handelns, und also natürlich auch des Denkens.

403. To say of man, in Moore's sense, that he *knows* something; that what he says is therefore unconditionally the truth, seems wrong to me.—It is the truth only inasmuch as it is an unmoving foundation of his language-games.

404. I want to say: it's not that on some points men know the truth with perfect certainty. No: perfect certainty is only a matter of their attitude.

405. But of course there is still a mistake even here.

406. What I am aiming at is also found in the difference between the casual observation "I know that that's a ...", as it might be used in ordinary life, and the same utterance when a philosopher makes it.

407. For when Moore says "I know that that's ..." I want to reply "you don't *know* anything!"—and yet I would not say that to anyone who was speaking without philosophical intention. That is, I feel (rightly?) that these two mean to say something different.

408. For if someone says he knows such-and-such, and this is part of his philosophy—then his philosophy is false if he has slipped up in this statement.

409. If I say "I know that that's a foot"—what am I really saying? Isn't the whole point that I am certain of the consequences —that if someone else had been in doubt I might say to him "you see—I told you so"? Would my knowledge still be worth anything if it let me down as a clue in action? And *can't* it let me down?

20.3.
410. Our knowledge forms an enormous system. And only within this system has a particular bit the value we give it.

411. If I say "*we assume* that the earth has existed for many years past" (or something similar), then of course it sounds strange that we should *assume* such a thing. But in the entire system of our language-games it belongs to the foundations. The assumption, one might say, forms the basis of action, and therefore, naturally, of thought.

412. Wer nicht im Stande ist, sich einen Fall vorzustellen, in dem man sagen könnte "Ich weiß, daß das meine Hand ist" (und solche Fälle sind ja selten), der könnte sagen diese Worte wären Unsinn. Er könnte freilich auch sagen: "Freilich weiß ich's, wie könnte ich's nicht wissen?"—aber da würde er vielleicht den Satz "Das ist meine Hand" als *Erklärung* der Worte "meine Hand" verstehen.

413. Denn nimm an du führtest einem Blinden die Hand und sagtest, indem du sie deiner Hand entlang führst "Das ist meine Hand"; wenn er dich nun fragte "Bist du sicher?", oder "Weißt du das?", so würde das nur unter sehr besondern Umständen Sinn haben.

414. Aber anderseits: Woher *weiß* ich, daß das meine Hand ist? Ja, weiß ich auch hier genau was es bedeutet zu sagen, es sei meine Hand?—Wenn ich sage "Woher weiß ich's?" so meine ich nicht, daß ich in mindesten daran *zweifle*. Es ist hier eine Grundlage meines ganzen Handelns. Aber mir scheint, sie ist falsch ausgedrückt durch die Worte "Ich weiß. . . ."

415. Ja, ist nicht der Gebrauch des Wortes Wissen, als eines ausgezeichneten philosophischen Worts, überhaupt ganz falsch? Wenn "wissen" dieses Interesse hat, warum nicht "sicher sein"? Offenbar, weil es zu subjektiv wäre. Aber ist wissen nicht *ebenso* subjektiv? Ist man nicht nur durch die grammatische Eigentümlichkeit getäuscht, daß aus "ich weiß p" "p" folgt?

"Ich glaube es zu wissen" müßte keinen mindern Grad der Gewißheit ausdrücken.—Ja, aber man will nicht subjektive Sicherheit ausdrücken, auch nicht die größte, sondern dies, daß gewisse Sätze am Grunde aller Fragen und alles Denkens zu liegen scheinen.

416. Ist nun so ein Satz z. B., daß ich in diesem Zimmer wochenlang gelebt habe, daß mich mein Gedächtnis darin nicht täuscht?

—"certain beyond all reasonable doubt"—

21.3.

417. "Ich weiß, daß ich im letzten Monat täglich gebadet habe." Woran erinnre ich mich? An jeden Tag und das Bad an jedem Morgen? Nein. Ich *weiß*, daß ich jeden Tag gebadet habe und ich entnehme das nicht aus einem andern unmittel-

412. Anyone who is unable to imagine a case in which one might say "I know that this is my hand" (and such cases are certainly rare) might say that these words were nonsense. True, he might also say "Of course I know—how could I not know?"— but then he would possibly be taking the sentence "this is my hand" as an *explanation* of the words "my hand".

413. For suppose you were guiding a blind man's hand, and as you were guiding it along yours you said "this is my hand"; if he then said "are you sure?" or "do you know it is?", it would take very special circumstances for that to make sense.

414. But on the other hand: how do I *know* that it is my hand? Do I even here know exactly what it means to say it is my hand?— When I say "how do I know?" I do not mean that I have the least *doubt* of it. What we have here is a foundation for all my action. But it seems to me that it is wrongly expressed by the words "I know".

415. And in fact, isn't the use of the word "know" as a pre-eminently philosophical word altogether wrong? If "know" has this interest, why not "being certain"? Apparently because it would be too subjective. But isn't "know" *just* as subjective? Isn't one misled simply by the grammatical peculiarity that "p" follows from "I know p"?

"I believe I know" would not need to express a lesser degree of certainty.—True, but one isn't trying to express even the greatest subjective certainty, but rather that certain propositions seem to underlie all questions and all thinking.

416. And have we an example of this in, say, the proposition that I have been living in this room for weeks past, that my memory does not deceive me in this?
—"certain beyond all reasonable doubt"—

21.3.
417. "I know that for the last month I have had a bath every day." What am I remembering? Each day and the bath each morning? No. I *know* that I bathed each day and I do not derive that from some other immediate datum. Similarly I say "I felt a

baren Datum. Ähnlich sage ich "Ich habe einen Stich im Arm empfunden", ohne daß diese Lokalität mir auf eine andre Weise (durch ein Bild etwa) zum Bewußtsein käme.

418. Ist mein Verständnis nur Blindheit gegen mein eigenes Unverständnis? Oft scheint es mir so.

419. Wenn ich sage "Ich war nie in Kleinasien", woher kommt mir dieses Wissen? Ich habe es nicht berechnet, niemand hat es mir gesagt; mein Gedächtnis sagt es mir.—So kann ich mich also darin nicht irren? Ist hier eine Wahrheit, die ich *weiß*?— Ich kann von diesem Urteil nicht abgehen, ohne alle andern Urteile mitzureißen.

420. Auch ein Satz wie der, daß ich jetzt in England lebe, hat diese zwei Seiten: Ein *Irrtum* ist er nicht—aber anderseits: was weiß ich von England? kann ich nicht ganz in meinem Urteilen fehl gehen?

Wäre es nicht möglich, daß Menschen zu mir in's Zimmer kämen, die Alle das Gegenteil aussagten, ja, mir 'Beweise' dafür gäben, so daß ich plötzlich wie ein Wahnsinniger unter lauter Normalen, oder ein Normaler unter Verrückten allein dastünde. Könnten mir da nicht Zweifel an dem kommen was mir jetzt das Unzweifelhafteste ist?

421. Ich bin in England.—Alles um mich herum sagt es mir, sowie ich meine Gedanken schweifen lasse, und wohin immer, so bestätigen sie mir's.—Könnte ich aber nicht irre werden, wenn Dinge geschähen, die ich mir jetzt nicht träumen lasse?

422. Ich will also etwas sagen, was wie Pragmatismus klingt. Mir kommt hier eine Art Weltanschauung in die Quere.

423. Warum sag ich also mit Moore nicht einfach "Ich *weiß*, daß ich in England bin"? Dies zu sagen, hat *unter bestimmten Umständen*, die ich mir vorstellen kann, Sinn. Wenn ich aber, nicht in diesen Umständen, den Satz ausspreche als Beispiel dafür, daß Wahrheiten dieser Art von mir mit Gewißheit zu erkennen sind, dann wird er mir sofort verdächtig.—Ob mit Recht??

424. Ich sage "Ich weiß p" entweder um zu versichern, daß auch mir die Wahrheit p bekannt sei, oder einfach als eine

pain in my arm" without this locality coming into my consciousness in any other way (such as by means of an image).

418. Is my understanding only blindness to my own lack of understanding? It often seems so to me.

419. If I say "I have never been in Asia Minor", where do I get this knowledge from? I have not worked it out, no one told me; my memory tells me.—So I can't be wrong about it? Is there a truth here which I *know*?—I cannot depart from this judgment without toppling all other judgments with it.

420. Even a proposition like this one, that I am now living in England, has these two sides: it is not a *mistake*—but on the other hand, what do I know of England? Can't my judgment go all to pieces?

Would it not be possible that people came into my room and all declared the opposite?—even gave me 'proofs' of it, so that I suddenly stood there like a madman alone among people who were all normal, or a normal person alone among madmen? Might I not then suffer doubts about what at present seems at the furthest remove from doubt?

421. I am in England.—Everything around me tells me so; wherever and however I let my thoughts turn, they confirm this for me at once.—But might I not be shaken if things such as I don't dream of at present were to happen?

422. So I am trying to say something that sounds like pragmatism.

Here I am being thwarted by a kind of *Weltanschauung*.

423. Then why don't I simply say with Moore "I *know* that I am in England"? Saying this is meaningful *in particular circumstances*, which I can imagine. But when I utter the sentence outside these circumstances, as an example to shew that I can know truths of this kind with certainty, then it at once strikes me as fishy.—Ought it to?

424. I say "I know p" either to assure people that I, too, know the truth p, or simply as an emphasis of ⊢p. One says,

Verstärkung von ⊢p. Man sagt auch "Ich *glaube* es nicht, ich *weiß* es". Und das könnte man auch so ausdrücken (z. B.): "Das ist ein Baum. Und das ist keine bloße Vermutung."

Aber wie ist es damit: "Wenn ich jemand mitteilte, daß das ein Baum ist, so wäre es keine bloße Vermutung." Ist nicht dies was Moore sagen wollte?

425. Es wäre keine Vermutung und ich könnte es dem Andern mit absoluter Sicherheit mitteilen, als etwas woran nicht zu zweifeln ist. Heißt das aber, daß es unbedingt die Wahrheit ist? Kann sich das, was ich mit der vollsten Bestimmtheit als den Baum erkenne, den ich mein Leben lang hier gesehen habe, kann sich das nicht als etwas andres entpuppen? Kann es mich nicht verblüffen?

Und dennoch war es richtig unter den Umständen, die diesem Satz Sinn verleihen zu sagen "Ich weiß (ich vermute nicht nur), daß das ein Baum ist." Zu sagen, in Wahrheit glaube ich es nur, wäre falsch. Es wäre gänzlich *irreführend* zu sagen: ich glaube, ich heiße L. W. Und es ist auch richtig: ich kann mich darin nicht *irren*. Aber das heißt nicht ich sei darin unfehlbar.

21.3.51
426. Wie aber ist es Einem zu *zeigen*, daß wir nicht nur Wahrheiten über Sinnesdaten sondern auch solche über Dinge *wissen*? Denn es kann doch nicht genug sein, daß jemand uns versichert, *er* wisse dies.

Wovon muß man denn ausgehen um das zu zeigen?

22.3.
427. Man muß zeigen, daß, auch wenn er nie die Worte gebrauchte "Ich weiß, . . .", sein Gebaren das zeigt, worauf es uns ankommt.

428. Denn wie, wenn ein normal handelnder Mensch uns versicherte: er *glaube* nur, er heiße so und so, er *glaube* seine ständigen Hausgenossen zu erkennen, er glaube Hände und Füße zu haben, wenn er sie nicht gerade sieht, u. s. w. Können wir ihm aus seinen Handlungen (und Reden) zeigen, daß es nicht so ist?

23.3.51
429. Welchen Grund habe ich jetzt, da ich meine Zehen nicht sehe, anzunehmen, daß ich fünf Zehen an jedem Fuß habe?

too, "I don't *believe* it, I *know* it". And one might also put it like this (for example): "That is a tree. And that's not just surmise."

But what about this: "If I were to tell someone that that was a tree, that wouldn't be just surmise." Isn't this what Moore was trying to say?

425. It would not be surmise and I might tell it to someone else with complete certainty, as something there is no doubt about. But does that mean that it is unconditionally the truth? May not the thing that I recognize with complete certainty as the tree that I have seen here my whole life long—may this not be disclosed as something different? May it not confound me?

And nevertheless it was right, in the circumstances that give this sentence meaning, to say "I know (I do not merely surmise) that that's a tree". To say that in strict truth I only believe it, would be wrong. It would be completely *misleading* to say: "I believe my name is L. W." And this too is right: I cannot be making a *mistake* about it. But that does not mean that I am infallible about it.

21.3.51
426. But how can we *show* someone that we *know* truths, not only about sense-data but also about things? For after all it can't be enough for someone to assure us that *he* knows this.

Well, what must our starting point be if we are to shew this?

22.3.
427. We need to shew that even if he never uses the words "I know . . .", his conduct exhibits the thing we are concerned with.

428. For suppose a person of normal behaviour assured us that he only *believed* his name was such-and-such, he *believed* he recognized the people he regularly lived with, he believed that he had hands and feet when he didn't actually see them, and so on. Can we shew him it is not so from the things he does (and says)?

23.3.51
429. What reason have I, now, when I cannot see my toes, to assume that I have five toes on each foot?

Ist es richtig zu sagen, der Grund sei der, daß frühere Erfahrung mich immer das gelehrt hat? Bin ich früherer Erfahrung sicherer als dessen, daß ich zehn Zehen habe?

Jene frühere Erfahrung mag wohl die *Ursache* meiner gegenwärtigen Sicherheit sein; aber ist sie ihr Grund?

430. Ich treffe einen Marsbewohner und er fragt mich "Wieviel Zehen haben die Menschen?"—Ich sage: "Zehn. Ich will's dir zeigen" und ziehe meine Schuhe aus. Wenn er sich nun wunderte, daß ich es mit solcher Sicherheit wußte, obwohl ich meine Zehen nicht gesehen hatte.—Sollte ich da sagen: "Wir Menschen wissen, daß wir soviel Zehen haben, ob wir sie sehen oder nicht"?

26.3.51

431. "Ich weiß, daß dieses Zimmer auf dem zweiten Stock ist, daß hinter der Tür ein kurzer Gang zur Treppe führt, etc." Es ließen sich Fälle denken, wo ich die Äußerung machen würde, aber es wären recht seltene Fälle. Anderseits aber zeige ich dieses Wissen tagtäglich durch meine Handlungen und auch in meinem Reden.

Was entnimmt nun der Andre aus diesen meinen Handlungen und Reden? Nicht nur, daß ich meiner Sache sicher bin?— Daraus, daß ich hier seit vielen Wochen gewohnt habe und täglich treppauf und ab gegangen bin, wird er entnehmen, daß ich *weiß* wo mein Zimmer gelegen ist.—Die Versicherung "Ich weiß ..." werde ich gebrauchen, wenn er das noch *nicht* weiß, woraus er mein Wissen unbedingt schließen müßte.

432. Die Äußerung "Ich weiß ..." kann nur in Verbindung mit der übrigen Evidenz des 'Wissens' ihre Bedeutung haben.

433. Wenn ich also jemandem sage "Ich weiß, daß das ein Baum ist," so ist es, wie wenn ich ihm sagte: "Das ist ein Baum; du kannst dich absolut drauf verlassen; es ist kein Zweifel." Und das könnte der Philosoph nur dazu gebrauchen, um zu zeigen, daß man diese Form der Rede wirklich gebraucht. Wenn das aber nicht bloß eine Bemerkung der Deutschen Grammatik sein soll, so muß er die Umstände angeben, in denen dieser Ausdruck funktioniert.

434. Lehrt uns nun *Erfahrung*, daß Menschen unter den und den Umständen, das und das wissen? Erfahrung zeigt uns gewiß, daß für gewöhnlich ein Mensch nach so und so viel Tagen sich in einem Haus, das er bewohnt, auskennt. Oder auch: Erfahrung

Is it right to say that my reason is that previous experience has always taught me so? Am I more certain of previous experience than that I have ten toes?

That previous experience may very well be the *cause* of my present certitude; but is it its ground?

430. I meet someone from Mars and he asks me "How many toes have human beings got?"—I say "Ten. I'll shew you", and take my shoes off. Suppose he was surprised that I knew with such certainty, although I hadn't looked at my toes—ought I to say: "We humans know how many toes we have whether we can see them or not"?

26.3.51

431. "I know that this room is on the second floor, that behind the door a short landing leads to the stairs, and so on." One could imagine cases where I should come out with this, but they would be extremely rare. But on the other hand I shew this knowledge day in, day out by my actions and also in what I say.

Now what does someone else gather from these actions and words of mine? Won't it be just that I am sure of my ground?— From the fact that I have been living here for many weeks and have gone up and down the stairs every day he will gather that I *know* where my room is situated.—I shall give him the assurance "I know" when he does *not* already know things which would have compelled the conclusion that I knew.

432. The utterance "I know . . ." can only have its meaning in connection with the other evidence of my 'knowing'.

433. So if I say to someone "I *know* that that's a tree", it is as if I told him "that is a tree; you can absolutely rely on it; there is no doubt about it". And a philosopher could only use the statement to show that this form of speech is actually used. But if his use of it is not to be merely an observation about English grammar, he must give the circumstances in which this expression functions.

434. Now does *experience* teach us that in such-and-such circumstances people know this and that? Certainly, experience shews us that normally after so-and-so many days a man can find his way about a house he has been living in. Or even: experience

56e

lehrt uns, daß eines Menschen Urteil nach der und der Lehrdauer zu trauen ist. Er muß, erfahrungsgemäß, so und so lang gelernt haben, um eine richtige Vorhersage machen zu können. Aber— — —.

27.3.

435. Man wird oft von einem Wort behext. Z. B. vom Wort "wissen".

436. Ist Gott durch unser Wissen gebunden? *Können* manche unsrer Aussagen nicht falsch sein? Denn das ist es, was wir sagen wollen.

437. Ich bin geneigt zu sagen: "Das *kann* nicht falsch sein." Das ist interessant; aber welche Folgen hat es?

438. Es wäre nicht genug, zu versichern, ich wisse, was dort und dort vorgeht,—ohne Gründe anzugeben, die (den Andern) davon überzeugen, ich sei in der Lage es zu wissen.

439. Auch die Aussage "Ich weiß, daß hinter dieser Tür ein Gang und die Stiege in's Erdgeschoß ist" klingt nur so überzeugend, weil jeder annimmt, daß ich's weiß.

440. Es ist hier etwas Allgemeines; nicht nur etwas Persönliches.

441. Im Gerichtssaal würde die bloße Versicherung des Zeugen "Ich weiß ..." niemand überzeugen. Es muß gezeigt werden, daß der Zeuge in der Lage war zu wissen.
Auch die Versicherung "Ich weiß, daß das eine Hand ist", wobei man die eigene Hand ansieht, wäre nicht glaubhaft, wenn wir die Umstände der Aussage nicht kennten. Und kennen wir sie, so scheint sie zu versichern, daß der Sprechende in dieser Beziehung normal ist.

442. Kann es denn nicht sein, daß ich mir *einbilde* etwas zu *wissen*?

443. Denke es gäbe in einer Sprache kein Wort, das unserm "wissen" entspricht.—Sie sprechen einfach die Behauptung aus. "Das ist ein Baum" *etc.* Es kann natürlich vorkommen, daß sie sich irren. Und da fügen sie nun dem Satz ein Zeichen hinzu, das anzeigt für wie wahrscheinlich sie einen Irrtum halten— oder soll ich sagen: wie wahrscheinlich ein Irrtum in diesem

teaches us that after such-and-such a period of training a man's judgment is to be trusted. He must, experience tells us, have learnt for so long in order to be able to make a correct prediction. But — — —

27.3.

435. One is often bewitched by a word. For example, by the word "know".

436. Is God bound by our knowledge? Are a lot of our statements *incapable* of falsehood? For that is what we want to say.

437. I am inclined to say: "That *cannot* be false." That is interesting; but what consequences has it?

438. It would not be enough to assure someone that I know what is going on at a certain place—without giving him grounds that satisfy him that I am in a position to know.

439. Even the statement "I know that behind this door there is a landing and the stairway down to the ground floor" only sounds so convincing because everyone takes it for granted that I know it.

440. There is something universal here; not just something personal.

441. In a court of law the mere assurance "I know . . ." on the part of a witness would convince no one. It must be shown that he was in a position to know.

Even the assurance "I know that that's a hand", said while someone looked at his own hand, would not be credible unless we knew the circumstances in which it was said. And if we do know them, it seems to be an assurance that the person speaking is normal in this respect.

442. For may it not happen that I *imagine* myself to *know* something?

443. Suppose that in a certain language there were no word corresponding to our "know".—The people simply make assertions. ("That is a tree", etc.) Naturally it can occur for them to make mistakes. And so they attach a sign to the sentence which indicates how probable they take a mistake to be—or should I say, how probable a mistake is in this case? This latter can also

Falle ist? Dies letztere kann man auch durch die Angabe gewisser Umstände anzeigen. Z. B. "A sagte dem B. . . . Ich stand ganz nahe bei ihnen und meine Ohren sind gut" oder "A war gestern dort und dort. Ich habe ihn von weitem gesehen. Meine Augen sind nicht sehr gut", oder "Dort steht ein Baum. Ich sehe ihn deutlich und habe ihn unzählige male gesehen".

444. "Der Zug geht um 2 Uhr. Prüf zur Sicherheit noch einmal nach," oder "Der Zug geht um 2 Uhr. Ich habe gerade in einem neuen Fahrplane nachgeschaut." Man kann auch hinzufügen "Ich bin in solchen Sachen verläßlich." Die Nützlichkeit solcher Zusätze ist offenbar.

445. Wenn ich aber sage "Ich habe zwei Hände"—was kann ich hinzufügen um die Verläßlichkeit anzuzeigen? Höchstens, daß die Umstände die gewöhnlichen sind.

446. Warum bin ich denn so sicher, daß das meine Hand ist? Beruht nicht auf dieser Art Sicherheit das ganze Sprachspiel?
   Oder: Ist in dem Sprachspiel diese 'Sicherheit' nicht (schon) vorausgesetzt? Dadurch nämlich, daß *der* es nicht spielt, oder falsch spielt, der Gegenstände nicht mit Sicherheit erkennt.

28.3.

447. Vergleiche damit $12 \times 12 = 144$. Auch hier sagen wir nicht "vielleicht". Denn sofern dieser Satz darauf beruht, daß wir uns nicht verzählen oder verrechnen, daß uns unsre Sinne beim Rechnen nicht trügen, sind die beiden, der arithmetische und der physische Satz, auf der gleichen Stufe.
   Ich will sagen: Das physische Spiel ist ebenso sicher wie das arithmetische. Aber das kann mißverstanden werden. Meine Bemerkung ist eine logische nicht eine psychologische.

448. Ich will sagen: Wenn man sich nicht darüber wundert, daß die arithmetischen Sätze (z. B. das Einmaleins) 'absolut gewiß' sind, warum sollte man darüber erstaunt sein, daß der Satz "Dies ist meine Hand" es ebenso ist?

449. Es muß uns etwas als Grundlage gelehrt werden.

450. Ich will sagen: Unser Lernen hat die Form "Das ist ein Veilchen", "Das ist ein Tisch". Das Kind könnte allerdings das Wort "Veilchen" zum erstenmal in dem Satz hören "Das ist

be indicated by mentioning certain circumstances. For example "Then A said to B '. . .'. I was standing quite close to them and my hearing is good", or "A was at such-and-such a place yesterday. I saw him from a long way off. My eyes are not very good", or "There is a tree over there: I can see it clearly and I have seen it innumerable times before".

444. "The train leaves at two o'clock. Check it once more to make certain" or "The train leaves at two o'clock. I have just looked it up in a new time-table". One may also add "I am reliable in such matters". The usefulness of such additions is obvious.

445. But if I say "I have two hands", what can I add to indicate reliability? At the most that the circumstances are the ordinary ones.

446. But why *am* I so certain that this is my hand? Doesn't the whole language-game rest on this kind of certainty?

Or: isn't this 'certainty' already presupposed in the language-game? Namely by virtue of the fact that one is not playing the game, or is playing it wrong, if one does not recognize objects with certainty.

28.3.

447. Compare with this $12 \times 12 = 144$. Here too we don't say "perhaps". For, in so far as this proposition rests on our not miscounting or miscalculating and on our senses not deceiving us as we calculate, both propositions, the arithmetical one and the physical one, are on the same level.

I want to say: The physical game is just as certain as the arithmetical. But this can be misunderstood. My remark is a logical and not a psychological one.

448. I want to say: If one doesn't marvel at the fact that the propositions of arithmetic (e.g. the multiplication tables) are 'absolutely certain', then why should one be astonished that the proposition "This is my hand" is so equally?

449. Something must be taught us as a foundation.

450. I want to say: our learning has the form "that is a violet", "that is a table". Admittedly, the child might hear the word "violet" for the first time in the sentence "perhaps that is a

vielleicht ein Veilchen"; dann aber könnte es fragen "Was ist ein Veilchen?" Nun könnte dies freilich dadurch beantwortet werden, daß man ihm ein *Bild* zeigt. Aber wie wäre es, wenn man nur beim Vorzeigen eines Bilds sagte "Das ist ein . . .", sonst aber immer nur: "Das ist vielleicht ein . . ."?—Welche praktische Folgen soll es haben?

Ein Zweifel, der an allem zweifelte, wäre kein Zweifel.

451. Mein Einwurf gegen Moore, daß der Sinn des isolierten Satzes "Das ist ein Baum" unbestimmt sei, da nicht bestimmt ist, was das '*Das*' ist, wovon man aussagt, es sei ein Baum,—gilt nicht; denn man kann den Sinn bestimmter machen, indem man z. B. sagt: "Der Gegenstand dort, der ausschaut wie ein Baum, ist nicht die künstliche Imitation eines Baumes, sondern ein wirklicher Baum."

452. Es wäre nicht vernünftig, zu zweifeln, ob das ein wirklicher Baum, oder . . . sei.

Daß es mir (als) zweifellos erscheint, darauf kommt's nicht an. Wenn es unvernünftig wäre, hier zu zweifeln, so kann das nicht aus meinem Dafürhalten ersehen werden. Es müßte also eine Regel geben, die den Zweifel hier für unvernünftig erklärt. Die aber gibt es auch nicht.

453. Ich sage allerdings: "Hier würde kein vernünftiger Mensch zweifeln."—Könnte man sich denken, daß gelehrte Richter befragt würden, ob ein Zweifel vernünftig, oder unvernünftig sei?

454. Es gibt Fälle, in denen der Zweifel unvernünftig ist, andre aber, in denen er logisch unmöglich scheint. Und zwischen ihnen scheint es keine klare Grenze zu geben.

29.3.

455. Alles Sprachspiel beruht darauf, daß Wörter und Gegenstände wiedererkannt werden. Wir lernen mit der gleichen Unerbittlichkeit, daß dies ein Sessel ist, wie daß $2 \times 2 = 4$ ist.

456. Wenn ich also zweifle, oder unsicher bin darüber, daß das meine Hand ist (in welchem Sinn immer), warum dann nicht auch über die Bedeutung dieser Worte?

457. Will ich also sagen, daß die Sicherheit im Wesen des Sprachspiels liegt?

violet", but then he could ask "what is a violet?" Now this might of course be answered by showing him a picture. But how would it be if one said "that is a . . ." only when showing him a picture, but otherwise said nothing but "perhaps that is a . . ."—What practical consequences is that supposed to have?

A doubt that doubted everything would not be a doubt.

451. My objection against Moore, that the meaning of the isolated sentence "That is a tree" is undetermined, since it is not determined what the "*that*" is that is said to be a tree—doesn't work, for one can make the meaning more definite by saying, for example: "The object over there that looks like a tree is not an artificial imitation of a tree but a real one."

452. It would not be reasonable to doubt if that was a real tree or only. . . .

My finding it beyond doubt is not what counts. If a doubt would be unreasonable, that cannot be seen from what *I* hold. There would therefore have to be a rule that declares doubt to be unreasonable here. But there isn't such a rule, either.

453. I do indeed say: "Here no reasonable person would doubt."
—Could we imagine learned judges being asked whether a doubt was reasonable or unreasonable?

454. There are cases where doubt is unreasonable, but others where it seems logically impossible. And there seems to be no clear boundary between them.

29.3.
455. Every language-game is based on words 'and objects' being recognized again. We learn with the same inexorability that this is a chair as that $2 \times 2 = 4$.

456. If, therefore, I doubt or am uncertain about this being my hand (in whatever sense), why not in that case about the meaning of these words as well?

457. Do I want to say, then, that certainty resides in the nature of the language-game?

458. Man zweifelt aus bestimmten Gründen. Es handelt sich darum: Wie wird der Zweifel in's Sprachspiel eingeführt?

459. Wenn der Kaufmann jeden seiner Äpfel ohne Grund untersuchen wollte, um da recht sicher zu gehen, warum muß er (dann) nicht die Untersuchung untersuchen? Und kann man nun hier von Glauben reden (ich meine, im Sinne von religiösem Glauben, nicht von Vermutung)? Alle psychologischen Wörter führen hier nur von der Hauptsache ab.

460. Ich gehe zum Arzt, zeige ihm meine Hand und sage "Das ist eine Hand, nicht . . .; ich habe sie mir verletzt etc. etc." Mache ich da nur eine überflüssige Mitteilung? Könnte man z. B. nicht sagen: Angenommen die Worte "Das ist eine Hand" seien eine Mitteilung,—wie konntest du dann darauf rechnen, daß er die Mitteilung versteht? Ja, wenn es einem Zweifel unterliegt, 'daß das eine Hand ist', warum unterliegt es nicht auch einem Zweifel, daß ich ein Mensch bin, der dem Arzt dies mitteilt?—Anderseits kann man sich aber—wenn auch sehr seltsame—Fälle vorstellen, wo so eine Erklärung nicht überflüssig ist, oder nur überflüssig aber nicht absurd ist.

461. Angenommen, ich wäre der Arzt und ein Patient kommt zu mir, zeigt mir seine Hand und sagt: "Was hier wie eine Hand ausschaut, ist nicht eine ausgezeichnete Imitation, sondern wirklich eine Hand." Worauf er von seiner Verletzung redet.— Würde ich dies wirklich als eine Mitteilung, wenn auch eine überflüssige, ansehen? Würde ich es nicht vielmehr für Unsinn halten, der allerdings die Form einer Mitteilung hat? Denn, würde ich sagen, wenn diese Mitteilung wirklich Sinn hätte, wie kann er seiner Sache sicher sein? Es fehlt der Mitteilung der Hintergrund.

30.3.
462. Warum gibt Moore unter den Dingen, die er weiß, nicht z. B. an, es gebe in dem und dem Teil von England ein Dorf, das so und so heiße? Mit andern Worten: Warum erwähnt er nicht eine Tatsache, die ihm, und nicht *jedem* von uns bekannt ist?

31.3.
463. Gewiß ist doch, daß die Mitteilung "Das ist ein Baum", wenn niemand daran zweifeln könnte, eine Art Witz sein könnte

458. One doubts on specific grounds. The question is this: how is doubt introduced into the language-game?

459. If the shopkeeper wanted to investigate each of his apples without any reason, for the sake of being certain about everything, why doesn't he have to investigate the investigation? And can one talk of belief here (I mean belief as in 'religious belief', not surmise)? All psychological terms merely distract us from the thing that really matters.

460. I go to the doctor, shew him my hand and say "This is a hand, not . . .; I've injured it, etc., etc." Am I only giving him a piece of superfluous information? For example, mightn't one say: supposing the words "This is a hand" *were* a piece of information—how could you bank on his understanding this information? Indeed, if it is open to doubt 'whether that is a hand', why isn't it also open to doubt whether I am a human being who is informing the doctor of this?—But on the other hand one can imagine cases—even if they are very rare ones—where this declaration is not superfluous, or is only superfluous but not absurd.

461. Suppose that I were the doctor and a patient came to me, showed me his hand and said: "This thing that looks like a hand isn't just a superb imitation—it really is a hand" and went on to talk about his injury—should I really take this as a piece of information, even though a superfluous one? Shouldn't I be more likely to consider it nonsense, which admittedly did have the form of a piece of information? For, I should say, if this information really were meaningful, how can he be certain of what he says? The background is lacking for it to be information.

30.3.
462. Why doesn't Moore produce as one of the things that he knows, for example, that in such-and-such a part of England there is a village called so-and-so? In other words: why doesn't he mention a fact that is known to him and not to *every one* of us?

31.3.
463. This is certainly true, that the information "That is a tree", when no one could doubt it, might be a kind of joke and as such

und als solche Sinn hätte. Ein Witz dieser Art ist wirklich einmal von Renan gemacht worden.

3.4.51

464. Meine Schwierigkeit läßt sich auch so demonstrieren: Ich sitze mit einem Freund im Gespräch. Plötzlich sage ich: "Ich habe schon die ganze Zeit gewußt, daß du der N. N. bist." Ist dies wirklich nur eine überflüssige, wenn auch wahre, Bemerkung?

Es kommt mir vor, als wären diese Worte ähnlich einem "Grüßgott", wenn man es mitten im Gespräch dem Andern sagte.

465. Wie wäre es mit den Worten "Man weiß heute, daß es über ... Arten von Insekten gibt", statt der Worte "Ich weiß, daß das ein Baum ist"? Wenn Einer jenen Satz plötzlich außer allem Zusammenhang ausspräche, so könnte man meinen, er habe inzwischen an etwas anderes gedacht und spreche nun einen Satz seines Gedankenganges laut aus. Oder auch: er sei in einem Trance und rede ohne seine Worte zu verstehen.

466. Es scheint mir also, ich habe etwas schon die ganze Zeit gewußt, und doch habe es keinen Sinn dies zu sagen, diese Wahrheit auszusprechen.

467. Ich sitze mit einem Philosophen im Garten; er sagt zu wiederholten Malen "Ich weiß, daß das ein Baum ist", wobei er auf einen Baum in unsrer Nähe zeigt. Ein Dritter kommt daher und hört das, und ich sage ihm: "Dieser Mensch ist nicht verrückt: Wir philosophieren nur."

4.4.

468. Jemand sagt irrelevant "Das ist ein Baum". Er könnte den Satz sagen, weil er sich erinnert, ihn in einer ähnlichen Situation gehört zu haben; oder er wurde plötzlich von der Schönheit dieses Baumes getroffen und der Satz war ein Ausruf; oder er sagte sich den Satz als grammatisches Beispiel vor. (Etc.) Ich frage ihn nun: "Wie hast du das gemeint?" und er antwortet: "Es war eine Mitteilung an dich gerichtet." Stünde mir da nicht frei anzunehmen er wisse nicht, was er sage, wenn er verrückt genug ist mir diese Mitteilung machen zu wollen?

469. Jemand sagt im Gespräch zu mir zusammenhangslos "Ich wünsch dir alles Gute". Ich bin erstaunt; aber später sehe ich

have meaning. A joke of this kind was in fact made once by Renan.

464. My difficulty can also be shewn like this: I am sitting talking to a friend. Suddenly I say: "I knew all along that you were so-and-so." Is that really just a superfluous, though true, remark?

I feel as if these words were like "Good morning" said to someone in the middle of a conversation.

465. How would it be if we had the words "They know nowadays that there are over ... species of insects" instead of "I know that that's a tree"? If someone were suddenly to utter the first sentence out of all context one might think: he has been thinking of something else in the interim and is now saying out loud some sentence in his train of thought. Or again: he is in a trance and is speaking without understanding what he is saying.

466. Thus it seems to me that I have known something the whole time, and yet there is no meaning in saying so, in uttering this truth.

467. I am sitting with a philosopher in the garden; he says again and again "I know that that's a tree", pointing to a tree that is near us. Someone else arrives and hears this, and I tell him: "This fellow isn't insane. We are only doing philosophy."

4.4.

468. Someone says irrelevantly "That's a tree". He might say this sentence because he remembers having heard it in a similar situation; or he was suddenly struck by the tree's beauty and the sentence was an exclamation; or he was pronouncing the sentence to himself as a grammatical example; etc., etc. And now I ask him "How did you mean that?" and he replies "It was a piece of information directed at you". Shouldn't I be at liberty to assume that he doesn't know what he is saying, if he is insane enough to want to give me this information?

469. In the middle of a conversation, someone says to me out of the blue: "I wish you luck." I am astonished; but later I

ein, daß diese Worte in einem Zusammenhang mit seinen Gedanken über mich stehen. Und nun erscheinen sie mir nicht mehr sinnlos.

470. Warum ist kein Zweifel, daß ich L. W. heiße? Es scheint durchaus nichts das man ohne weiteres zweifelfrei feststellen könnte. Man sollte nicht meinen, daß das eine der unzweifelhaften Wahrheiten ist.

5.4.
[Hier ist noch eine große Lücke in meinem Denken. Und ich zweifle, ob sie noch ausgefüllt werden wird.]

471. Es ist so schwer den *Anfang* zu finden. Oder besser: Es ist schwer am Anfang anzufangen. Und nicht versuchen weiter zurück zu gehen.

472. Wenn das Kind die Sprache lernt, lernt es zugleich, was zu untersuchen, und was nicht zu untersuchen ist. Wenn es lernt, daß im Zimmer ein Schrank ist, so lernt man es nicht zweifeln, ob, was es später sieht, noch immer ein Schrank, oder nur eine Art Kulisse ist.

473. Wie man beim Schreiben eine bestimmte Grundform lernt und diese später dann variiert, so lernt man zuerst die Beständigkeit der Dinge als Norm, die dann Änderungen unterliegt.

474. Dieses Spiel bewährt sich. Das mag die Ursache sein, weshalb es gespielt wird, aber es ist nicht der Grund.

475. Ich will den Menschen hier als Tier betrachten; als ein primitives Wesen, dem man zwar Instinkt aber nicht Raisonnement zutraut. Als ein Wesen in einem primitiven Zustande. Denn welche Logik für ein primitives Verständigungsmittel genügt, deren brauchen wir uns auch nicht schämen. Die Sprache ist nicht aus einem Raisonnement hervorgegangen.

6.4.
476. Das Kind lernt nicht, daß es Bücher gibt, daß es Sessel gibt, etc. etc., sondern es lernt Bücher holen, sich auf Sessel (zu) setzen, etc.

Es kommen freilich später auch Fragen nach der Existenz auf: "Gibt es ein Einhorn?" u. s. w. Aber so eine Frage ist nur möglich, weil in der Regel keine ihr entsprechende auftritt. Denn wie weiß man, wie man sich von der Existenz des Einhorns

realize that these words connect up with his thoughts about me. And now they do not strike me as meaningless any more.

470. Why is there no doubt that I am called L. W.? It does not seem at all like something that one could establish at once beyond doubt. One would not think that it is one of the indubitable truths.

5.4.

[Here there is still a big gap in my thinking. And I doubt whether it will be filled now.]

471. It is so difficult to find the *beginning*. Or, better: it is difficult to begin at the beginning. And not try to go further back.

472. When a child learns language it learns at the same time what is to be investigated and what not. When it learns that there is a cupboard in the room, it isn't taught to doubt whether what it sees later on is still a cupboard or only a kind of stage set.

473. Just as in writing we learn a particular basic form of letters and then vary it later, so we learn first the stability of things as the norm, which is then subject to alterations.

474. This game proves its worth. That may be the cause of its being played, but it is not the ground.

475. I want to regard man here as an animal; as a primitive being to which one grants instinct but not ratiocination. As a creature in a primitive state. Any logic good enough for a primitive means of communication needs no apology from us. Language did not emerge from some kind of ratiocination.

6.4.

476. Children do not learn that books exist, that armchairs exist, etc. etc.,—they learn to fetch books, sit in armchairs, etc. etc.

Later, questions about the existence of things do of course arise. "Is there such a thing as a unicorn?" and so on. But such a question is possible only because as a rule no corresponding question presents itself. For how does one know how to set

zu überzeugen hat? Wie hat man die Methode gelernt, zu bestimmen, ob etwas existiere oder nicht?

477. "So muß man also wissen, daß die Gegenstände existieren, deren Namen man durch eine hinweisende Erklärung einem Kind beibringt."—Warum muß man's wissen? Ist es nicht genug, daß Erfahrung später nicht das Gegenteil erweise?
Warum soll denn das Sprachspiel auf einem Wissen ruhen?

7.4.
478. Glaubt das Kind, daß es Milch gibt? Oder weiß es, daß es Milch gibt? Weiß die Katze, daß es eine Maus gibt?

479. Sollen wir sagen, daß die Erkenntnis, es gebe physikalische Gegenstände, eine sehr frühe, oder eine sehr späte sei?

8.4.
480. Das Kind, das das Wort "Baum" gebrauchen lernt. Man steht mit ihm vor einem Baum und sagt "*Schöner* Baum!". Daß kein Zweifel an der Existenz des Baums in das Sprachspiel eintritt, ist klar. Aber kann man sagen, das Kind *wisse*: daß es einen Baum gibt? Es ist allerdings wahr, daß 'etwas wissen' nicht in sich beschließt: daran *denken*—aber muß nicht, wer etwas weiß, eines Zweifels fähig sein? Und zweifeln heißt denken.

481. Wenn man Moore sagen hört "Ich *weiß*, daß das ein Baum ist", so versteht man plötzlich die, welche finden, das sei gar nicht ausgemacht.
Die Sache kommt einem auf einmal unklar und verschwommen vor. Es ist als hätte Moore das falsche Licht drauf fallen lassen.
Es ist, als sähe ich ein Gemälde (vielleicht eine Bühnenmalerei) und erkenne von Weitem sofort und ohne den geringsten Zweifel, was es darstellt. Nun trete ich aber näher: und da sehe ich eine Menge Flecke verschiedener Farben, die alle höchst vieldeutig sind und durchaus keine Gewißheit geben.

482. Es ist als ob das "Ich weiß" keine metaphysische Betonung vertrüge.

483. Richtige Verwendung des Wortes "Ich weiß". Ein Schwachsichtiger fragt mich: "Glaubst du, daß das, was wir dort sehen ein Baum ist"—Ich antworte "Ich *weiß* es; ich sehe

about satisfying oneself of the existence of unicorns? How did one learn the method for determining whether something exists or not?

477. "So one must know that the objects whose names one teaches a child by an ostensive definition exist."—Why must one know they do? Isn't it enough that experience doesn't later show the opposite?

For why should the language-game rest on some kind of knowledge?

7.4.

478. Does a child believe that milk exists? Or does it know that milk exists? Does a cat know that a mouse exists?

479. Are we to say that the knowledge that there are physical objects comes very early or very late?

8.4.

480. A child that is learning to use the word "tree". One stands with it in front of a tree and says "*Lovely* tree!" Clearly no doubt as to the tree's existence comes into the language-game. But can the child be said to *know*: 'that a tree exists'? Admittedly it's true that 'knowing something' doesn't involve *thinking* about it—but mustn't anyone who knows something be capable of doubt? And doubting means thinking.

481. When one hears Moore say "I *know* that that's a tree", one suddenly understands those who think that that has by no means been settled.

The matter strikes one all at once as being unclear and blurred. It is as if Moore had put it in the wrong light.

It is as if I were to see a painting (say a painted stage-set) and recognize what it represents from a long way off at once and without the slightest doubt. But now I step nearer: and then I see a lot of patches of different colours, which are all highly ambiguous and do not provide any certainty whatever.

482. It is as if "I know" did not tolerate a metaphysical emphasis.

483. The correct use of the expression "I know". Someone with bad sight asks me: "do you believe that the thing we can see there is a tree?" I reply "I *know* it is; I can see it clearly and am familiar

ihn genau und kenne ihn gut." A: "Ist N. N. zu hause?"—Ich: "Ich glaube ja".—A: "War er gestern zu hause?"—Ich: "Gestern war er zu hause, das weiß ich, ich habe mit ihm gesprochen."— A: "Weißt du, oder glaubst du nur, daß dieser Teil des Hauses neu dazugebaut ist?"—Ich: "Ich *weiß* es; ich habe mich beim ... erkundigt."

484. Hier sagt man also "Ich weiß" und gibt den Grund des Wissens an, oder man kann ihn doch angeben.

485. Man kann sich auch einen Fall denken, in welchem Einer eine Liste von Sätzen durchgeht und sich dabei immer wieder fragt "Weiß ich das, oder glaube ich es nur?" Er will die Sicherheit jedes einzelnen Satzes überprüfen. Es könnte sich um eine Zeugenaussage vor Gericht handeln.

9.4.
486. "Weißt du, oder glaubst du nur, daß du L. W. heißt?" Ist das eine sinnvolle Frage?

Weißt du, oder glaubst du nur, daß, was du hier hinschreibst, deutsche Worte sind? Glaubst du nur, daß "glauben" *diese* Bedeutung hat? *Welche* Bedeutung?

487. Was ist der Beweis dafür, daß ich etwas *weiß*? Doch gewiß nicht, daß ich sage, ich wisse es.

488. Wenn also Autoren aufzählen was sie alles *wissen*, so beweist das also gar nichts.

Daß man also etwas über physikalische Dinge wissen kann, kann nicht durch die Beteuerungen derer erwiesen werden, die es zu wissen glauben.

489. Denn was antwortet man dem, der sagt: "Ich glaube, es kommt dir nur so vor, als wüßtest du's."

490. Wenn ich nun frage "Weiß ich, oder glaube ich nur, daß ich ... heiße?" so nützt es nichts, daß ich in mich hinein sehe.

Ich könnte aber sagen: Nicht nur zweifle ich nie im mindesten, daß ich so heiße, sondern ich könnte keines Urteils sicher sein, wenn sich darüber ein Zweifel erhöbe.

10.4.
491. "Weiß ich, oder glaub ich nur, daß ich L. W. heiße?"— Ja, wenn die Frage hieße "Bin ich sicher, oder vermute ich nur, daß ich ...?", da könnte man sich auf meine Antwort verlassen.—

with it".—A: "Is N. N. at home?"—I: "I believe he is."—A: "Was he at home yesterday?"—I: "Yesterday he was—I know he was; I spoke to him."—A: "Do you know or only believe that this part of the house is built on later than the rest?"—I: "I *know* it is; I asked so and so about it."

484. In these cases, then, one says "I know" and mentions how one knows, or at least one can do so.

485. We can also imagine a case where someone goes through a list of propositions and as he does so keeps asking "Do I know that or do I only believe it?" He wants to check the certainty of each individual proposition. It might be a question of making a statement as a witness before a court.

9.4.
486. "Do you know or do you only believe that your name is L. W.?" Is that a meaningful question?

Do you know or do you only believe that what you are writing down now are German words? Do you only believe that "believe" has *this* meaning? *What* meaning?

487. What is the proof that I *know* something? Most certainly not my saying I know it.

488. And so, when writers enumerate all the things they *know*, that proves nothing whatever.

So the possibility of knowledge about physical objects cannot be proved by the protestations of those who believe that they have such knowledge.

489. For what reply does one make to someone who says "I believe it merely strikes you as if you knew it"?

490. When I ask "Do I know or do I only believe that I am called ... ?" it is no use to look within myself.

But I could say: not only do I never have the slightest doubt that I am called that, but there is no judgment I could be certain of if I started doubting about that.

10.4.
491. "Do I know or do I only believe that I am called L. W.?" —Of course, if the question were "Am I certain or do I only surmise ... ?", then my answer could be relied on.

492. "Weiß ich, oder glaube ich nur, ...?" könnte man auch so ausdrücken: Wie, wenn es sich herauszustellen *schiene*, daß, was mir bisher dem Zweifel nicht zugänglich schien, eine falsche Annahme war? Würde ich da reagieren, wie wenn ein Glauben sich als falsch erwiesen hat; oder würde das den Boden meines Urteilens auszuschlagen scheinen?—Aber ich will hier natürlich nicht eine *Prophezeiung*.

Würde ich einfach sagen "Das hätte ich nie gedacht!"—oder aber mich weigern (müssen) mein Urteil zu revidieren, weil nämlich eine solche 'Revision' einer Vernichtung aller Maßstäbe gleichkäme?

493. Ist es also so, daß ich gewisse Autoritäten anerkennen muß, um überhaupt urteilen zu können?

494. "An diesem Satz kann ich nicht zweifeln, ohne alles Urteilen aufzugeben."

Aber was für ein Satz ist das? (Er erinnert an das, was Frege über das Gesetz der Identität gesagt hat.[1]) Er ist sicher kein Erfahrungssatz. Er gehört nicht in die Psychologie. Er hat eher den Charakter einer Regel.

495. Man könnte Einem, der gegen die zweifellosen Sätze Einwände machen wollte, einfach sagen "Ach Unsinn!". Also nicht ihm antworten, sondern ihn zurechtweisen.

496. Es ist hier ein ähnlicher Fall wie, wenn man zeigt, daß es keinen Sinn hat zu sagen, ein Spiel sei immer falsch gespielt worden.

497. Wenn Einer Zweifel in mir immer aufrufen wollte und spräche: da täuscht dich dein Gedächtnis, dort bist du betrogen worden, dort wieder hast du dich nicht gründlich genug überzeugt, *etc.*, und ich ließe mich nicht erschüttern und bliebe bei meiner Gewißheit,—dann kann das schon darum nicht falsch sein, weil es erst ein Spiel definiert.

11.4.

498. Das Seltsame ist, daß, wenn schon ich es ganz richtig finde, daß Einer den Versuch, ihn mit Zweifeln in dem Fundamente irre zu machen, mit dem Wort "Unsinn!" abweist, ich es für unrichtig halte, wenn er sich verteidigen will, wobei er etwa die Worte "Ich weiß" gebraucht.

[1] *Grundgesetze der Arithmetik* I xviii *Herausg.*

492. "Do I know or do I only believe ... ?" might also be expressed like this: What if it *seemed* to turn out that what until now has seemed immune to doubt was a false assumption? Would I react as I do when a belief has proved to be false? or would it seem to knock from under my feet the ground on which I stand in making any judgments at all?—But of course I do not intend this as a *prophecy*.

Would I simply say "I should never have thought it!"—or would I (have to) refuse to revise my judgment—because such a 'revision' would amount to annihilation of all yardsticks?

493. So is this it: I must recognize certain authorities in order to make judgments at all?

494. "I cannot doubt this proposition without giving up all judgment."

But what sort of proposition is that? (It is reminiscent of what Frege said about the law of identity.[1]) It is certainly no empirical proposition. It does not belong to psychology. It has rather the character of a rule.

495. One might simply say "O, rubbish!" to someone who wanted to make objections to the propositions that are beyond doubt. That is, not reply to him but admonish him.

496. This is a similar case to that of shewing that it has no meaning to say that a game has always been played wrong.

497. If someone wanted to arouse doubts in me and spoke like this: here your memory is deceiving you, there you've been taken in, there again you have not been thorough enough in satisfying yourself, etc., and if I did not allow myself to be shaken but kept to my certainty—then my doing so cannot be wrong, even if only because this is just what defines a game.

11.4.

498. The queer thing is that even though I find it quite correct for someone to say "Rubbish!" and so brush aside the attempt to confuse him with doubts at bedrock,—nevertheless, I hold it to be incorrect if he seeks to defend himself (using, e.g., the words "I know").

[1] *Grundgesetze der Arithmetik* I xviii *Eds.*

499. Ich könnte auch so sagen: Das 'Gesetz der Induktion' läßt sich ebenso wenig *begründen*, als gewisse partikulare Sätze das Erfahrungsmaterial betreffend.

500. Aber es schiene mir auch Unsinn zu sein, zu sagen "Ich weiß, daß das Gesetz der Induktion wahr ist".

Denk dir so eine Aussage in einem Gerichtshof gemacht. Richtiger wäre noch "Ich glaube an das Gesetz . . .", wo 'glauben' nichts mit *vermuten* zu tun hat.

501. Komme ich nicht immer mehr und mehr dahin, zu sagen, daß die Logik sich am Schluß nicht beschreiben laße? Du mußt die Praxis der Sprache ansehen, dann siehst du sie.

502. Könnte man sagen "Ich weiß mit geschlossenen Augen die Lage meiner Hände", wenn meine Angabe immer oder meistens dem Zeugnis der Andern widerspräche?

503. Ich schaue einen Gegenstand an und sage "Das ist ein Baum" oder "Ich weiß, daß das . . ."—Gehe ich nun in die Nähe und es stellt sich anders heraus, so kann ich sagen "Es war doch kein Baum"; oder ich sage "Es *war* ein Baum, ist es aber jetzt nicht mehr". Wenn nun aber alle Andern mit mir in Widerspruch wären und sagten, es wäre nie ein Baum gewesen, und wenn alle andern Zeugnisse gegen mich sprächen—was *nützte* es mir dann noch auf meinem "Ich weiß . . ." zu beharren?

504. Ob ich etwas *weiß*, hängt davon ab, ob die Evidenz mir recht gibt, oder mir widerspricht. Denn zu sagen, man wisse, daß man Schmerzen habe, heißt nichts.

505. Es ist immer von Gnaden der Natur, wenn man etwas weiß.

506. "Wenn mich mein Gedächtnis hier täuscht, so kann es mich überall täuschen."

Wenn ich *das* nicht weiß, wie weiß ich dann, ob meine Worte das bedeuten, was ich glaube, daß sie bedeuten?

507. "Wenn mich dies täuscht, was heißt "täuschen" dann noch?"

508. Worauf kann ich mich verlassen?

509. Ich will eigentlich sagen, daß ein Sprachspiel nur möglich ist, wenn man sich auf etwas verlässt. (Ich habe nicht gesagt "auf etwas verlassen kann".)

499. I might also put it like this: the 'law of induction' can no more be *grounded* than certain particular propositions concerning the material of experience.

500. But it would also strike me as nonsense to say "I know that the law of induction is true".

Imagine such a statement made in a court of law! It would be more correct to say "I believe in the law of . . ." where 'believe' has nothing to do with *surmising*.

501. Am I not getting closer and closer to saying that in the end logic cannot be described? You must look at the practice of language, then you will see it.

502. Could one say "I know the position of my hands with my eyes closed", if the position I gave always or mostly contradicted the evidence of other people?

503. I look at an object and say "That is a tree", or "I know that that's a tree".—Now if I go nearer and it turns out that it isn't, I may say "It wasn't a tree after all" or alternatively I say "It *was* a tree but now it isn't any longer". But if all the others contradicted me, and said it never had been a tree, and if all the other evidences spoke against me—what *good* would it do me to stick to my "I know"?

504. Whether I *know* something depends on whether the evidence backs me up or contradicts me. For to say one knows one has a pain means nothing.

505. It is always by favour of Nature that one knows something.

506. "If my memory deceives me *here* it can deceive me everywhere."

If I don't know *that*, how do I know if my words mean what I believe they mean?

507. "If this deceives me, what does 'deceive' mean any more?"

508. What can I rely on?

509. I really want to say that a language-game is only possible if one trusts something (I did not say "can trust something").

510. Wenn ich sage "Natürlich weiß ich, daß das ein Handtuch ist", so mache ich eine *Äußerung*. Ich denke nicht an eine Verifikation. Es ist für mich eine unmittelbare Äußerung.
Ich denke nicht an Vergangenheit oder Zukunft. (Und so geht es natürlich auch Moore.)
Ganz so, wie ein unmittelbares Zugreifen; wie ich ohne zu zweifeln nach dem Handtuch greife.

511. Aber dieses unmittelbare Zugreifen entspricht doch einer *Sicherheit*, keinem Wissen.
Aber greif ich so nicht auch zum Namen eines Dinges?

12.4.
512. Die Frage ist doch die: "Wie, wenn du auch in diesen fundamentalsten Dingen deine Meinung ändern müßtest?" Und darauf scheint mir die Antwort zu sein: "Du *mußt* sie nicht ändern. Gerade darin liegt es, daß sie 'fundamental' sind."

513. Wie, wenn etwas *wirklich Unerhörtes* geschähe? wenn ich etwa sähe, wie Häuser sich nach und nach ohne offenbare Ursache in Dampf verwandelten; wenn das Vieh auf der Wiese auf den Köpfen stünde, lachte und verständliche Worte redete; wenn Bäume sich nach und nach in Menschen, und Menschen in Bäume verwandelten. Hatte ich nun recht, als ich vor allen diesen Geschehnissen sagte "Ich weiß, daß das ein Haus ist" etc., oder einfach "Das ist ein Haus" etc.?

514. Diese Aussage erschien mir als fundamental; wenn das falsch ist, was ist noch 'wahr' und 'falsch'?!

515. Wenn mein Name *nicht* L. W. ist, wie kann ich mich darauf verlassen, was unter "wahr" und "falsch" zu verstehen ist?

516. Wenn etwas geschähe (wenn z. B. jemand mir etwas sagte), was dazu angetan wäre mir Zweifel daran zu erwecken, so gäbe es gewiß auch etwas, was die Gründe solcher Zweifel selbst zweifelhaft erscheinen ließe, und ich könnte mich also dafür entscheiden meinen alten Glauben beizubehalten.

517. Wäre es aber nicht möglich, daß etwas geschähe, was mich ganz aus dem Geleise würfe? Evidenz, die mir das Sicherste unannehmbar machte? oder doch bewirkte, daß ich meine

510.   If I say "Of course I know that that's a towel" I am making an *utterance*.[1] I have no thought of a verification. For me it is an immediate utterance.

I don't think of past or future. (And of course it's the same for Moore, too.)

It is just like directly taking hold of something, as I take hold of my towel without having doubts.

511.   And yet this direct taking-hold corresponds to a *sureness*, not to a *knowing*.

But don't I take hold of a thing's name like that, too?

12.4.

512.   Isn't the question this: "What if you had to change your opinion even on these most fundamental things?" And to that the answer seems to me to be: "You don't *have* to change it. That is just what their being 'fundamental' is."

513.   What if something *really unheard-of* happened?—If I, say, saw houses gradually turning into steam without any obvious cause, if the cattle in the fields stood on their heads and laughed and spoke comprehensible words; if trees gradually changed into men and men into trees. Now, was I right when I said before all these things happened "I know that that's a house" etc., or simply "that's a house" etc.?

514.   This statement appeared to me fundamental; if it is false, what are 'true' or 'false' any more?!

515.   If my name is *not* L. W., how can I rely on what is meant by "true" and "false"?

516.   If something happened (such as someone telling me something) calculated to make me doubtful of my own name, there would certainly also be something that made the grounds of these doubts themselves seem doubtful, and I could therefore decide to retain my old belief.

517.   But might it not be possible for something to happen that threw me entirely off the rails? Evidence that made the most certain thing unaccept·ble to me? Or at any rate made me throw

Äußerung. (Eds.)

fundamentalsten Urteile umstoße? (Ob mit Recht oder mit Unrecht ist hier ganz gleich.)

518. Könnte ich mir denken, daß ich dies in einem andern Menschen beobachtete?

519. Wenn du einen Befehl befolgst "Bring mir ein Buch", so ist es allerdings möglich, daß du untersuchen mußt ob, was du dort siehst, wirklich ein Buch ist, aber du weißt dann doch, was man unter "Buch" versteht; und weißt du das nicht, so kannst du etwa nachschlagen,—aber dann mußt du doch wissen, was ein anderes Wort bedeutet. Und, daß ein Wort das und das bedeutet, so und so gebraucht wird, ist wieder eine Erfahrungstatsache wie die, daß jener Gegenstand ein Buch ist.

Um also einen Befehl befolgen zu können, mußt du über eine Erfahrungstatsache außer Zweifel sein. Ja der Zweifel beruht nur auf dem, was außer Zweifel ist.

Da aber ein Sprachspiel etwas ist, was in wiederholten Spielhandlungen in der Zeit besteht, so scheint es, man könne in keinem *einzelnen* Falle sagen, das und das müsse außer Zweifel stehen, wenn es ein Sprachspiel geben solle, wohl aber, daß, *in der Regel*, irgendwelche Erfahrungsurteile außer Zweifel stehen müssen.

13.4.

520. Moore hat ein gutes Recht zu sagen, er wisse, daß vor ihm ein Baum steht. Natürlich kann er sich darin irren. (Denn es ist ja hier nicht wie mit der Äußerung "Ich glaube, dort steht ein Baum".) Aber, ob er in diesem Fall recht hat, oder sich irrt, ist philosophisch nicht von Belang. Wenn Moore die bekämpft, die sagen, so etwas könne man nicht eigentlich wissen, so kann er es nicht tun, indem er versichert: *Er* wisse das und das. Denn das braucht man ihm nicht zu glauben. Hätten seine Gegner behauptet, man könne das und das nicht *glauben*, so hätte er ihnen antworten können "*Ich* glaube es".

14.4.

521. Moore's Fehler liegt darin, auf die Behauptung, man könne das nicht wissen, zu entgegnen "Ich weiß es".

522. Wir sagen: Wenn das Kind die Sprache—und also ihre Anwendung—beherrscht, muß es die Bedeutungen der Worte

over my most fundamental judgments? (Whether rightly or wrongly is beside the point.)

518. Could I imagine observing this in another person?

519. Admittedly, if you are obeying the order "Bring me a book", you may have to check whether the thing you see over there really is a book, but then you do at least know what people mean by "book"; and if you don't you can look it up,—but then you must know what some other word means. And the fact that a word means such-and-such, is used in such-and-such a way, is in turn an empirical fact, like the fact that what you see over there is a book.

Therefore, in order for you to be able to carry out an order there must be some empirical fact about which you are not in doubt. Doubt itself rests only on what is beyond doubt.

But since a language-game is something that consists in the recurrent procedures of the game in time, it seems impossible to say in any *individual* case that such-and-such must be beyond doubt if there is to be a language-game—though it is right enough to say that *as a rule* some empirical judgment or other must be beyond doubt.

13.4.
520. Moore has every right to say he knows there's a tree there in front of him. Naturally he may be wrong. (For it is *not* the same as with the utterance "I believe there is a tree there".) But whether he is right or wrong in this case is of no philosophical importance. If Moore is attacking those who say that one cannot really know such a thing, he can't do it by assuring them that *he* knows this and that. For one need not believe him. If his opponents had asserted that one could not *believe* this and that, then he could have replied: "*I* believe it."

14.4.
521. Moore's mistake lies in this—countering the assertion that one cannot know that, by saying "I do know it".

522. We say: if a child has mastered language—and hence its application—it must know the meaning of words. It must, for

wissen. Es muß z. B. einem weißen, schwarzen, roten, blauen Dinge seinen Farbnamen, in der Abwesenheit jedes Zweifels, beilegen können.

523. Ja, hier vermißt auch niemand den Zweifel; wundert sich niemand, daß wir die Bedeutung der Worte nicht nur *vermuten*.

15.4.

524. Ist es für unsre Sprachspiele ('Befehlen und Gehorchen', z. B.) wesentlich, daß ein Zweifel an gewissen Stellen nicht eintritt, oder genügt es wenn das Gefühl der Sicherheit besteht, wenn auch mit einem leichten Anhauch des Zweifels?

Genügt es also, wenn ich zwar nicht wie jetzt, *ohne weiteres*, ohne die Dazwischenkunft irgend eines Zweifels, etwas 'schwarz', 'grün', 'rot' nenne,—aber statt dessen doch sage "Ich bin sicher, daß das rot ist", wie man etwa sagt "Ich bin sicher, daß er heute kommen wird" (also mit dem 'Gefühl der Sicherheit')?

Das begleitende Gefühl ist uns natürlich gleichgültig, und ebensowenig brauchen wir uns um die Worte "Ich bin sicher, daß" bekümmern.—Wichtig ist, ob ein Unterschied in der *Praxis* der Sprache damit zusammengeht.

Man könnte fragen, ob er überall dort, wo wir, z. B., mit Sicherheit eine Meldung machen (bei einem Versuch z. B. schauen wir in eine Röhre und melden die Farbe, die wir durch sie beobachten), ob er bei dieser Gelegenheit sagt "Ich bin sicher". Tut er dies, so wird man zuerst geneigt sein seine Angabe zu überprüfen. Zeigt sich aber, daß er ganz zuverläßig ist, so wird man erklären, seine Redeweise sei nur eine Verschrobenheit, die die Sache nicht berührt. Man könnte z. B. annehmen, daß er skeptische Philosophen gelesen habe, überzeugt worden sei, man könne nichts wissen, und darum diese Redeweise angenommen habe. Wenn wir erst einmal an sie gewöhnt sind, so tut sie der Praxis keinen Eintrag.

525. Wie sieht also der Fall aus, wo Einer wirklich zu den Farbnahmen, z. B., eine andere Beziehung hat als wir? Wo nämlich ein leiser Zweifel, oder die Möglichkeit eines Zweifels, in ihrem Gebrauch bestehen bleibt.

16.4.

526. Wer beim Anblick eines englischen Postkastens sagte "Ich bin sicher, er ist rot", den müßten wir für farbenblind halten

example, be able to attach the name of its colour to a white, black, red or blue object without the occurrence of any doubt.

523.   And indeed no one misses doubt here; no one is surprised that we do not merely *surmise* the meaning of our words.

15.4.

524.   Is it essential for our language-games ('ordering and obeying' for example) that no doubt appears at certain points, or is it enough if there is the feeling of being sure, admittedly with a slight breath of doubt?

That is, is it enough if I do not, as I do now, call something 'black', 'green', 'red', *straight off*, without any doubt at all inter-posing itself—but do instead say "I am sure that that is red", as one may say "I am sure that he will come today" (in other words with the 'feeling of being sure')?

The accompanying feeling is of course a matter of indifference to us, and equally we have no need to bother about the words "I am sure that" either.—What is important is whether they go with a difference in the *practice* of the language.

One might ask whether a person who spoke like this would always say "I am sure" on occasions where (for example) there is sureness in the reports we make (in an experiment, for example, we look through a tube and report the colour we see through it). If he does, our immediate inclination will be to check what he says. But if he proves to be perfectly reliable, one will say that his way of talking is merely a bit perverse, and does not affect the issue. One might for example suppose that he has read sceptical philoso-phers, become convinced that one can know nothing, and that is why he has adopted this way of speaking. Once we are used to it, it does not infect practice.

525.   What, then, does the case look like where someone really has got a different relationship to the names of colours, for example, from us? Where, that is, there persists a slight doubt or a possibility of doubt in their use.

16.4.

526.   If someone were to look at an English pillar-box and say "I am sure that it's red", we should have to suppose that he was

oder glauben, er beherrschte das Deutsche nicht und wüßte den richtigen Farbnamen in einer andern Sprache.

Wäre keines von beiden der Fall, so würden wir ihn nicht recht verstehen.

527. Ein Deutscher, der diese Farbe "rot" nennt, ist nicht: 'sicher sie heiße im Deutschen "rot"'. Das Kind welches die Verwendung des Wortes beherrscht ist nicht 'sicher, diese Farbe heiße in seiner Sprache *so*'. Man kann auch nicht von ihm sagen, es lerne, wenn es sprechen lernt, daß die Farbe auf Deutsch so heißt, oder auch: es *wisse* dies, wenn es den Gebrauch des Worts erlernt hat.

528. Und dennoch: wenn jemand mich fragte, wie die Farbe auf Deutsch heiße, und ich sag es ihm, und er fragt mich "Bist du sicher", so werde ich antworten: "Ich *weiß* es; Deutsch ist meine Muttersprache."

529. Auch wird z. B. ein Kind vom andern sagen, oder von sich selbst, es wisse schon, wie das und das heißt.

530. Ich kann jemandem sagen "Diese Farbe heißt auf Deutsch 'rot'" (wenn ich ihn z. B. im Deutschen unterrichte). Ich würde in diesem Falle nicht sagen "Ich weiß, daß diese Farbe . . ."— das würde ich etwa sagen, wenn ich es soeben selbst gelernt hätte, oder im Gegensatz zu einer andern Farbe deren deutschen Namen ich nicht kenne.

531. Ist es nun aber nicht richtig, meinen gegenwärtigen Zustand *so* zu beschreiben: ich *wisse*, wie diese Farbe auf Deutsch heiße? Und wenn das richtig ist, warum soll ich dann nicht meinen Zustand mit den entsprechenden Worten "Ich weiß etc." beschreiben?

532. Moore, also, wenn er, vor dem Baum sitzend, sagte "Ich weiß, daß das ein . . .", sprach einfach die Wahrheit über seinen damaligen Zustand aus.

[Ich philosophiere jetzt, wie eine alte Frau, die fortwährend etwas verlegt und es wieder suchen muß; einmal die Brille, einmal den Schlüsselbund.]

533. Nun, wenn es richtig war, außer dem Zusammenhange seinen Zustand zu beschreiben, dann war es ebenso richtig außer dem Zusammenhange die Worte "Das ist ein Baum" auszusprechen.

colour-blind, or believe he had no mastery of English and knew the correct name for the colour in some other language.

If neither was the case we should not quite understand him.

527. An Englishman who calls this colour "red" is not: 'sure it is called "red" in English'.

A child who has mastered the use of the word is not 'sure that in his language this colour is called . . .'. Nor can one say of him that when he is learning to speak he learns that the colour is called that in English; nor yet: he *knows* this when he has learnt the use of the word.

528. And in spite of this: if someone asked me what the colour was called in German and I tell him, and now he asks me "are you sure?"—then I shall reply "I *know* it is; German is my mother tongue".

529. And one child, for example, will say, of another or of himself, that he already knows what such-and-such is called.

530. I may tell someone "this colour is called 'red' in English" (when for example I am teaching him English). In this case I should not say "I know that this colour . . ."—I would perhaps say that if I had just now learned it, or by contrast with another colour whose English name I am not acquainted with.

531. But now, isn't it correct to describe my present state as follows: I *know* what this colour is called in English? And if that is correct, why then should I not describe my state with the corresponding words "I know etc."?

532. So when Moore sat in front of a tree and said "I know that that's a tree", he was simply stating the truth about his state at the time.

[I do philosophy now like an old woman who is always mislaying something and having to look for it again: now her spectacles, now her keys.]

533. Well, if it was correct to describe his state out of context, then it was just as correct to utter the words "that's a tree" out of context.

534. Ist es aber falsch zu sagen: "Das Kind, welches ein Sprachspiel beherrscht, muß Gewisses *wissen*"?

Wenn man statt dessen sagte "muß Gewisses *können*" so wäre das ein Pleonasmus, und doch ist es gerade *das*, welches ich auf den ersten Satz erwidern möchte.—Aber: "Das Kind erwirbt sich ein naturgeschichtliches Wissen." Das setzt voraus, daß das Kind fragen könne, wie die und die Pflanze heißt.

535. Das Kind weiß, wie etwas heißt, wenn es auf die Frage "Wie heißt das" richtig antworten kann.

536. Das Kind, welches anfängt die Sprache zu lernen, hat natürlich den Begriff des *Heißens* noch gar nicht.

537. Kann man von Einem, der diesen Begriff nicht besitzt, sagen, er *wisse*, wie das und das heiße?

538. Das Kind, möchte ich sagen, lernt so und so reagieren; und wenn es das nun tut, so weiß es damit noch nichts. Das Wissen beginnt erst auf einer späteren Stufe.

539. Ist es mit dem Wissen wie mit dem Sammeln?

540. Ein Hund könnte lernen auf den Ruf "N" zu N zu laufen und auf den Ruf "M" zu M,—wüßte er aber darum, wie die Leute heißen?

541. "Er weiß erst, wie Dieser heißt, noch nicht wie Jener heißt." Das kann man streng genommen nicht von Einem sagen, der den Begriff davon noch gar nicht hat, daß Menschen Namen haben.

542. "Ich kann diese Blume nicht beschreiben, wenn ich nicht weiß, daß diese Farbe 'rot' heißt."

543. Das Kind kann die Namen von Personen gebrauchen, lang ehe es in irgend einer Form sagen kann: "Ich weiß, wie Dieser heißt; ich weiß noch nicht, wie Jener heißt".

544. Ich kann freilich wahrheitsgemäß sagen "Ich weiß, wie diese Farbe auf Deutsch heißt", indem ich z. B. auf die Farbe des frischen Blutes deute. Aber — — —

17.4.

545. 'Das Kind weiß, welche Farbe das Wort "blau" bedeutet.' Was es da weiß, ist gar nicht so einfach.

534. But is it wrong to say: "A child that has mastered a language-game must *know* certain things"?

If instead of that one said "must be *able to do* certain things", that would be a pleonasm, yet this is just what I want to counter the first sentence with.—But: "a child acquires a knowledge of natural history". That presupposes that it can ask what such and such a plant is called.

535. The child knows what something is called if he can reply correctly to the question "what is that called?"

536. Naturally, the child who is just learning to speak has not yet got the concept *is called* at all.

537. Can one say of someone who hasn't this concept that he *knows* what such-and-such is called?

538. The child, I should like to say, learns to react in such-and-such a way; and in so reacting it doesn't so far know anything. Knowing only begins at a later level.

539. Does it go for knowing as it does for collecting?

540. A dog might learn to run to N at the call "N", and to M at the call "M",—but would that mean he knows what these people are called?

541. "He only knows what this person is called—not yet what that person is called". That is something one cannot, strictly speaking, say of someone who simply has not yet got the concept of people's having names.

542. "I can't describe this flower if I don't know that this colour is called 'red'."

543. A child can use the names of people long before he can say in any form whatever: "I know this one's name; I don't know that one's yet."

544. Of course I may truthfully say "I know what this colour is called in English", at the same time as I point (for example) to the colour of fresh blood. But — — —

17.4.

545. 'A child knows which colour is meant by the word "blue".' What he knows here is not all that simple.

546. "Ich weiß, wie diese Farbe heißt" würde ich z. B. sagen, wenn es sich um Farbtöne handelt, deren Namen nicht Jeder kennt.

547. Man kann einem Kind, das grade erst anfängt zu sprechen und die Wörter "rot" und "blau" gebrauchen kann, noch nicht sagen: "Nicht wahr, du weißt, wie diese Farbe heißt".

548. Das Kind muß die Verwendung von Farbnamen lernen, ehe es nach dem Namen einer Farbe fragen kann.

549. Es wäre falsch zu sagen, ich könne nur dann sagen, "Ich weiß, daß dort ein Sessel steht", wenn ein Sessel dort steht. Freilich ist es nur dann *wahr*, aber ich habe ein Recht es zu sagen wenn ich *sicher* bin, es stehe einer dort, auch wenn ich unrecht habe.

[Die Prätensionen sind eine Hypothek die die Denkkraft des Philosophen belastet.]

18.4.
550. Wenn Einer etwas glaubt, so muß man nicht immer die Frage beantworten können, 'warum er es glaubt'; weiß er aber etwas, so muß die Frage "Wie weiß er es" beantwortet werden können.

551. Und beantwortet man diese Frage, so muß es nach allgemein anerkannten Grundsätzen geschehen. *So* läßt sich so etwas wissen.

552. Weiß ich, daß ich jetzt in einem Sessel sitze?—Weiß ich es nicht?! Es wird niemand, unter den gegenwärtigen Umständen, sagen, ich wisse das, aber ebensowenig z. B., ich sei bei Bewußtsein. Man wird das auch gewöhnlich nicht von den Passanten auf der Straße sagen.

Aber wenn man's nun auch nicht sagt, *ist* es darum nicht so??

553. Es ist seltsam: Wenn ich, ohne besondern Anlaß, sage "Ich weiß", z. B. "Ich weiß, daß ich jetzt auf einem Sessel sitze", so erscheint mir die Aussage ungerechtfertigt und anmaßend. Mache ich aber die gleiche Aussage, wo ein Bedürfnis nach ihr vorhanden ist, so scheint sie mir, obgleich ich ihrer Wahrheit nicht um ein Haar sicherer bin, als vollkommen gerechtfertigt und alltäglich.

546. I should say "I know what this colour is called" if e.g. what is in question is shades of colour whose name not everybody knows.

547. One can't yet say to a child who is just beginning to speak and can use the words "red" and "blue": "Come on, you know what this colour is called!"

548. A child must learn the use of colour words before it can ask for the name of a colour.

549. It would be wrong to say that I can only say "I know that there is a chair there" when there is a chair there. Of course it isn't *true* unless there is, but I have a right to say this if I am *sure* there is a chair there, even if I am wrong.

[Pretensions are a mortgage which burdens a philosopher's capacity to think.]

18.4.
550. If someone believes something, we needn't always be able to answer the question 'why he believes it'; but if he knows something, then the question "how does he know?" must be capable of being answered.

551. And if one does answer this question, one must do so according to generally accepted axioms. *This* is how something of this sort may be known.

552. Do I know that I am now sitting in a chair?—Don't I know it?! In the present circumstances no one is going to say that I know this; but no more will he say, for example, that I am conscious. Nor will one normally say this of the passers-by in the street.
But now, even if one doesn't say it, does that make it *untrue*??

553. It is queer: if I say, without any special occasion, "I know"—for example, "I know that I am now sitting in a chair", this statement seems to me unjustified and presumptuous. But if I make the same statement where there is some need for it, then, although I am not a jot more certain of its truth, it seems to me to be perfectly justified and everyday.

554. In ihrem Sprachspiel ist sie nicht anmaßend. Sie steht dort nicht höher als eben das menschliche Sprachspiel. Denn da hat sie ihre eingeschränkte Anwendung.

Wie ich aber den Satz außerhalb seinem Zusammenhang sage, so erscheint er in einem falschen Lichte. Denn dann ist es, als wollte ich versichern, daß es Dinge gibt, die ich *weiß*. Worüber Gott selber mir nichts erzählen könnte.

19.4.

555. Wir sagen, wir wissen, daß das Wasser kocht, wenn es ans Feuer gestellt wird. Wie wissen wir's? Erfahrung hat es uns gelehrt.—Ich sage "Ich weiß, daß ich heute früh gefrühstückt habe"; Erfahrung hat mich das nicht gelehrt. Man sagt auch "Ich weiß, daß er Schmerzen hat". Jedesmal ist das Sprachspiel anders, jedesmal sind wir *sicher*, und jedesmal wird man mit uns übereinstimmen, daß wir *in der Lage sind* zu wissen. Daher finden sich ja auch die Lehrsätze der Physik in Lehrbüchern für jedermann.

Wenn jemand sagt, er *wisse* etwas, so muß es etwas sein, was er, dem allgemeinen Urteil nach, in der Lage ist zu wissen.

556. Man sagt nicht: Er ist in der Lage, das zu glauben.

Wohl aber: "Es ist vernünftig in dieser Lage das anzunehmen" (oder "zu glauben").

557. Ein Kriegsgericht mag zu beurteilen haben, ob es in der und der Lage vernünftig war, das und das mit Sicherheit (wenn auch fälschlich) anzunehmen.

558. Wir sagen, wir wissen, daß das Wasser unter den und den Umständen kocht und nicht gefriert. Ist es denkbar, daß wir uns darin irren? Würde nicht ein Irrtum alles Urteil mit sich reißen? Noch mehr: Was könnte aufrecht stehen, wenn das fiele? Könnte Einer etwas finden, und wir nun sagen: "Es war ein Irrtum"?

Was immer in Zukunft geschehen mag, wie immer sich Wasser in Zukunft verhalten mag,—wir *wissen*, daß es sich bis jetzt in unzähligen Fällen *so* verhalten hat.

Diese Tatsache ist in das Fundament unseres Sprachspiels eingegossen.

559. Du mußt bedenken, daß das Sprachspiel sozusagen etwas Unvorhersehbares ist. Ich meine: Es ist nicht begründet. Nicht vernünftig (oder unvernünftig).

Es steht da—wie unser Leben.

554. In its language-game it is not presumptuous. There, it has no higher position than, simply, the human language-game. For there it has its restricted application.

But as soon as I say this sentence outside its context, it appears in a false light. For then it is as if I wanted to insist that there are things that I *know*. God himself can't say anything to me about them.

19.4

555. We say we know that water boils when it is put over a fire. How do we know? Experience has taught us.—I say "I know that I had breakfast this morning"; experience hasn't taught me that. One also says "I know that he is in pain". The language-game is different every time, we are *sure* every time, and people will agree with us that we are *in a position* to know every time. And that is why the propositions of physics are found in text-books for everyone.

If someone says he *knows* something, it must be something that, by general consent, he is in a position to know.

556. One doesn't say: he is in a position to believe that.

But one does say: "It is reasonable to assume that in this situation" (or "to believe that").

557. A court-martial may well have to decide whether it was reasonable in such-and-such a situation to have assumed this or that with confidence (even though wrongly).

558. We say we know that water boils and does not freeze under such-and-such circumstances. Is it conceivable that we are wrong? Wouldn't a mistake topple all judgment with it? More: what could stand if that were to fall? Might someone discover something that made us say "It was a mistake"?

Whatever may happen in the future, however water may behave in the future,—we *know* that up to now it has behaved *thus* in innumerable instances.

This fact is fused into the foundations of our language-game.

559. You must bear in mind that the language-game is so to say something unpredictable. I mean: it is not based on grounds. It is not reasonable (or unreasonable).

It is there—like our life.

560. Und der Begriff des Wissens ist mit dem des Sprachspiels verkuppelt.

561. "Ich weiß" und "Du kannst dich drauf verlassen". Aber man kann nicht immer für das erste das zweite setzen.

562. Immerhin ist es wichtig, sich eine Sprache vorzustellen, in der es *unsern* Begriff 'wissen' nicht gibt.

563. Man sagt "Ich *weiß*, daß er Schmerzen hat", obwohl man keinen überzeugenden Grund dafür angeben kann.—Ist das dasselbe wie "Ich bin sicher, daß er . . ."?—Nein. "Ich bin sicher" gibt dir die subjektive Sicherheit. "Ich weiß" heißt, daß zwischen mir, der es weiß, und dem der's nicht weiß, ein Unterschied des Verständnisses liegt. (Etwa gegründet auf einen Unterschied des Grads der Erfahrung.)

Sage ich in der Mathematik "Ich weiß", so ist die Rechtfertigung dafür ein Beweis.

Wenn man in diesen beiden Fällen statt "Ich weiß" "Du kannst dich drauf verlassen" sagt, so ist die Begründung jedes mal von andrer Art.

Und die Begründung hat ein Ende.

564. Ein Sprachspiel: Bringen der Bausteine, Melden der Anzahl vorhandener Steine. Manchmal wird die Anzahl geschätzt, manchmal durch Zählen festgestellt. Es kommt dann die Frage vor "Glaubst du, es sind soviele Steine" und die Antwort "Ich weiß es, ich hab sie gerade gezählt". Aber hier könnte das "Ich weiß" wegbleiben. Wenn es aber mehrere Arten der sichern Konstatierung gibt, wie zählen, wägen, messen des Stoßes, etc., dann kann statt der Angabe, *wie* man weiß, die Aussage "Ich weiß" treten.

565. Aber hier ist von einem 'Wissen', daß dies "Platte", *dies* "Säule", etc., heißt noch gar nicht die Rede.

566. Ja, das Kind das mein Sprachspiel (No 2)[1] lernt, lernt nicht sagen "Ich weiß, daß dies 'Platte' heißt".

Es gibt nun freilich ein Sprachspiel in welchem das Kind *diesen* Satz gebraucht. Dies setzt voraus, daß das Kind, sowie ihm der Name gegeben ist, ihn auch schon gebrauchen kann. Wie wenn mir jemand sagte "Diese Farbe heißt '. . .' "—Wenn

[1] *Philosophische Untersuchungen* §2 (Herausg.)

560. And the concept of knowing is coupled with that of the language-game.

561. "I know" and "You can rely on it". But one cannot always substitute the latter for the former.

562. At any rate it is important to imagine a language in which *our* concept 'knowledge' does not exist.

563. One says "I know that he is in pain" although one can produce no convincing grounds for this.—Is this the same as "I am sure that he . . ."?—No. "I am sure" tells you my subjective certainty. "I know" means that I who know it, and the person who doesn't are separated by a difference in understanding. (Perhaps based on a difference in degree of experience.)

If I say "I know" in mathematics, then the justification for this is a proof.

If in these two cases instead of "I know", one says "you can rely on it" then the substantiation is of a different kind in each case.

And substantiation comes to an end.

564. A language-game: bringing building stones, reporting the number of available stones. The number is sometimes estimated, sometimes established by counting. Then the question arises "Do you believe there are as many stones as that?", and the answer "I know there are—I've just counted them". But here the "I know" could be dropped. If, however, there are several ways of finding something out for sure, like counting, weighing, measuring the stack, then the statement "I know" can take the place of mentioning *how* I know.

565. But here there isn't yet any question of any 'knowledge' that *this* is called "a slab", *this* "a pillar", etc.

566. Nor does a child who learns my language-game (No. 2)[1] learn to say "I know that this is called 'a slab' ".

Now of course there is a language-game in which the child uses *that* sentence. This presupposes that the child is already capable of using the name as soon as he is given it. (As if someone were to tell me "this colour is called . . .".)—Thus, if the child

[1] *Philosophical Investigations* §2. Eds.

also das Kind ein Sprachspiel mit Bausteinen gelernt hat, so kann man ihm nun etwa sagen "Und dieser Stein heißt '...' ", und man hat dadurch das ursprüngliche Sprachspiel *erweitert*.

567. Und ist nun mein Wissen, daß ich L. W. heiße, von der gleichen Art wie das, daß Wasser bei 100° C siedet? Diese Frage ist natürlich falsch gestellt.

568. Wenn einer meiner Namen nur ganz selten gebraucht würde, so könnte es sein, daß ich ihn nicht wüßte. Daß ich meinen Namen weiß, ist nur darum selbstverständlich, weil ich ihn, wie jeder Andre, unzählige Male verwende.

569. Ein innres Erlebnis kann es mir nicht zeigen, daß ich etwas *weiß*.
Wenn ich daher trotzdem sage "Ich weiß, daß ich ... heiße" und es doch offenbar nicht ein Erfahrungssatz ist, — — —

570. "Ich weiß, daß ich so heiße; bei uns weiß es jeder Erwachsene, wie er heißt."

571. "Ich heiße ..., du kannst dich drauf verlassen. Wenn es sich als falsch erweist, so brauchst du mir in Zukunft nie mehr zu glauben."

572. Ich scheine doch zu wissen, daß ich mich, in meinem eigenen Namen z. B., nicht irren kann!
Das drückt sich in den Worten aus: "Wenn das falsch ist, dann bin ich verrückt." Nun gut, aber das sind Worte; aber welchen Einfluß hat es auf die Anwendung der Sprache?

573. Dadurch, daß ich durch nichts vom Gegenteil zu überzeugen bin?

574. Die Frage ist: Welche *Art* Satz ist das: "Ich weiß, daß ich mich darin nicht irren kann", oder auch: "Ich kann mich darin nicht irren"?
Das "Ich weiß" scheint hier alle Gründe abzuschneiden. Ich *weiß* es eben. Aber wenn hier überhaupt von Irrtum die Rede sein kann, dann muß sich prüfen lassen, ob ich's weiß.

575. Das Wort "Ich weiß" könnte also den Zweck haben anzuzeigen, wo ich zuverlässig bin, wobei aber die Brauchbarkeit dieses Zeichens aus der *Erfahrung* hervorgehen muß.

has learnt a language-game with building stones, one can say something like "and *this* stone is called '...'", and in this way the original language-game has been *expanded*.

567. And now, is my knowledge that I am called L. W. of the same kind as knowledge that water boils at 100° C.? Of course, this question is wrongly put.

568. If one of my names were used only very rarely, then it might happen that I did not know it. It goes without saying that I know my name, only because, like anyone else, I use it over and over again.

569. An inner experience cannot shew me that I *know* something.
     Hence, if in spite of that I say, "I know that my name is ...", and yet it is obviously not an empirical proposition, — — —

570. "I know this is my name; among us any grown-up knows what his name is."

571. "My name is ...—you can rely on that. If it turns out to be wrong you need never believe me in the future."

572. Don't I seem to know that I can't be wrong about such a thing as my own name?
     This comes out in the words: "If that is wrong, then I am crazy." Very well, but those are words; but what influence has it on the application of language?

573. Is it through the impossibility of anything's convincing me of the contrary?

574. The question is, what *kind* of proposition is: "I know I can't be mistaken about that", or again "I can't be mistaken about that"?
     This "I know" seems to prescind from all grounds: I simply *know* it. But if there can be any question at all of being mistaken here, then it must be possible to test whether I know it.

575. Thus the purpose of the phrase "I know" might be to indicate where I can be relied on; but where that's what it's doing, the usefulness of this sign must emerge from *experience*.

576. Man könnte sagen "Wie weiß ich, daß ich mich in meinem Namen nicht irre?"—und wenn darauf geantwortet würde "Weil ich ihn so oft verwendet habe", so könnte man weiterfragen: "Wie weiß ich, daß ich mich *darin* nicht irre?" Und hier kann das "Wie weiß ich" keine Bedeutung mehr haben.

577. "Ich weiß meinen Namen mit voller Bestimmtheit."
Ich würde mich weigern irgend ein Argument in Betracht zu ziehen, welches das Gegenteil zeigen wollte!
Und was heißt "Ich *würde* mich weigern"? Ist es der Ausdruck einer Absicht?

578. Aber könnte nicht eine höhere Autorität mich versichern, daß ich nicht die Wahrheit weiß? So daß ich sagen müßte "Lehre mich!" Aber dann müßten mir die Augen aufgetan werden.

579. Es gehört zu dem Sprachspiel mit den Personennamen, daß jeder seinen Namen mit der größten Sicherheit weiß.

20.4.
580. Es könnte doch sein, daß, wenn immer ich sagte "Ich weiß es", es sich als falsch herausstellte. (Aufzeigen.)

581. Ich könnte mir aber vielleicht dennoch nicht helfen, und würde weiter versichern "Ich weiß ...". Aber wie hat denn das Kind den Ausdruck gelernt?

582. "Ich weiß es" kann heißen: Es ist mir schon bekannt—aber auch: Es ist gewiß so.

583. "Ich weiß, daß das auf ... '...' heißt."—Wie weißt du das?—"Ich habe ... gelernt."
Könnte ich hier statt "Ich weiß, daß etc." setzen "Auf ... heißt dies '...'"?

584. Wäre es möglich, das Verbum "wissen" nur in der Frage "Wie weißt du das?" zu benützen, die auf eine einfache Behauptung folgt?—Statt "Das weiß ich schon" sagt man "Das ist mir bekannt"; und dies folgt nur auf die Mitteilung der Tatsache. Aber[1] was sagt man statt "Ich weiß, was das ist"?

585. Aber sagt nicht "Ich weiß, daß das ein Baum ist" etwas anderes als "Das ist ein Baum"?

[1] *Der letzte Satz ist ein Nachtrag. (Herausg.)*

576. One might say "How do I know that I'm not mistaken about my name?"—and if the reply was "Because I have used it so often", one might go on to ask "How do I know that I am not mistaken about *that*?" And here the "How do I know" cannot any longer have any significance.

577. "My knowledge of my name is absolutely definite."
I would refuse to entertain any argument that tried to show the opposite!
And what does "I *would* refuse" mean? Is it the expression of an intention?

578. But mightn't a higher authority assure me that I don't know the truth? So that I had to say "Teach me!"? But then my eyes would have to be opened.

579. It is part of the language-game with people's names that everyone knows his name with the greatest certainty.

20.4.
580. It might surely happen that whenever I said "I know" it turned out to be wrong. (Shewing up.)

581. But perhaps I might nevertheless be unable to help myself, so that I kept on declaring "I know ...". But ask yourself: how did the child learn the expression?

582. "I know that" may mean: I am quite familiar with it—or again: it is certainly so.

583. "I know that the name of this in ... is '...' "—How do you know?—"I have learnt ...".
Could I substitute "In ... the name of this is '...' " for "I know etc." in this example?

584. Would it be possible to make use of the verb "know" only in the question "How do you know?" following a simple assertion?—Instead of "I already know that" one says "I am familiar with that"; and this follows only upon being told the fact. But[1] what does one say instead of "I know what that is"?

585. But doesn't "I know that that's a tree" say something different from "that is a tree"?

[1] *The last sentence is a later addition.* (Eds.)

586. Statt "Ich weiß, was das ist" könnte man sagen "Ich kann sagen, was das ist". Und wenn man diese Ausdrucksweise annähme, was würde dann aus "Ich weiß, daß das . . . ist"?

587. Zurück zur Frage, ob "Ich weiß, daß das ein . . . ist" etwas andres sagt als "Das ist ein . . .".—Im ersten Satz wird eine Person erwähnt, im zweiten nicht. Aber das zeigt nicht, daß sie verschiedenen Sinn haben. Man ersetzt jedenfalls oft die erste Form durch die zweite und gibt dieser dann oft eine besondere Intonation. Denn man spricht anders, wenn man eine unwidersprochene Feststellung macht, und wenn man sie gegen einen Widerspruch aufrecht erhält.

588. Aber sage ich nicht durch die Worte "Ich weiß, daß . . .", daß ich in einem bestimmten Zustand mich befinde, während das die bloße Behauptung "Das ist ein . . ." nicht sagt? Und doch antwortet man auf so eine Behauptung oft "Wie weißt du das?"—"Aber doch nur, weil die Tatsache, daß ich dies behaupte zu erkennen gibt, ich glaube es zu wissen".—Man könnte das so ausdrücken: In einem zoologischen Garten könnte die Aufschrift stehen "Das ist ein Zebra"; aber doch nicht "Ich weiß, daß das ein Zebra ist".

"Ich weiß" hat nur Sinn, wenn eine Person es äußert. Dann aber ist es gleichgültig, ob die Äußerung ist "Ich weiß . . .", oder "Das ist . . .".

589. Wie lernt denn Einer seinen Zustand des Wissens erkennen?

590. Von dem Erkennen eines Zustandes könnte man eher noch reden, wo es heißt "Ich weiß, was das ist". Man kann sich hier davon überzeugen, daß man dieses Wissen wirklich besitzt.

591. "Ich weiß, was das für ein Baum ist.—Es ist eine Kastanie."
"Ich weiß, was das für ein Baum ist. Ich weiß, daß es eine Kastanie ist."

Die erste Aussage klingt natürlicher als die zweite. Man wird nur dann zum zweiten mal "Ich weiß" sagen, wenn man die Gewißheit besonders betonen will; etwa um einem Widerspruch zuvorzukommen. Das erste "Ich weiß" heißt ungefähr: Ich kann sagen.

In einem andern Fall aber könnte man mit der Konstatierung "Das ist ein . . ." beginnen, und dann, auf einen Widerspruch entgegnen: "Ich weiß, was das für ein Baum ist" und damit die Sicherheit betonen.

586. Instead of "I know what that is" one might say "I can say what that is". And if one adopted this form of expression what would then become of "I know that that is a . . ."?

587. Back to the question whether "I know that that's a . . ." says anything different from "that is a . . .". In the first sentence a person is mentioned, in the second, not. But that does not shew that they have different meanings. At all events one often replaces the first form by the second, and then often gives the latter a special intonation. For one speaks differently when one makes an uncontradicted assertion from when one maintains an assertion in face of contradiction.

588. But don't I use the words "I know that . . ." to say that I am in a certain state, whereas the mere assertion "that is a . . ." does not say this? And yet one often does reply to such an assertion by asking "how do you know?"—"But surely, only because the fact that I assert this gives to understand that I think I know it".—This point could be made in the following way: In a zoo there might be a notice "this is a zebra"; but never "I know that this is a zebra".

"I know" has meaning only when it is uttered by a person. But, given that, it is a matter of indifference whether what is uttered is "I know . . ." or "That is . . .".

589. For how does a man learn to recognize his own state of knowing something?

590. At most one might speak of recognizing a state, where what is said is "I know what that is". Here one can satisfy oneself that one really is in possession of this knowledge.

591. "I know what kind of tree that is.—It is a chestnut."
"I know what kind of tree that is.—I know it's a chestnut."
The first statement sounds more natural than the second. One will only say "I know" a second time if one wants especially to emphasize certainty; perhaps to anticipate being contradicted. The first "I know" means roughly: I can say.
But in another case one might begin with the observation "that's a . . .", and then, when this is contradicted, counter by saying: "I know what sort of a tree it is", and by this means lay emphasis on being sure.

592. "Ich kann sagen, was das für ein ..., und zwar mit Sicherheit."

593. Auch wenn man "Ich weiß, daß es so ist" durch "Es ist so" ersetzen kann, kann man doch nicht die Negation des einen durch die Negation des andern ersetzen.

Mit "Ich weiß nicht, ..." tritt ein neues Element in die Sprachspiele ein.

21.4.

594. "L. W." ist mein Name. Und wenn es jemand bestritte, würde ich sofort unzählige Verbindungen schlagen, die ihn sichern.

595. "Aber ich kann mir doch einen Menschen vorstellen, der alle diese Verbindungen macht, wovon keine mit der Wirklichkeit übereinstimmt. Warum soll ich mich nicht in einem ähnlichen Falle befinden?"

Wenn ich mir jenen Menschen vorstelle, so stelle ich mir auch eine Realität vor, eine Welt, die ihn umgibt; und ihn, wie er dieser Welt zuwider denkt (und spricht).

596. Wenn Einer mir mitteilt, sein Name sei N. N., so hat es Sinn für mich, ihn zu fragen "Kannst du dich darin irren?" Das ist eine regelrechte Frage im Sprachspiel. Und es hat darauf die Antwort Ja und Nein Sinn.—Nun ist freilich auch diese Antwort nicht unfehlbar, d. h. sie kann sich einmal als falsch erweisen, aber das nimmt der Frage "Kannst du dich ..." und der Antwort "Nein" nicht ihren Sinn.

597. Die Antwort auf die Frage "Kannst du dich darin irren" gibt der Aussage ein bestimmtes Gewicht. Die Antwort kann auch sein: "Ich *glaube* nicht."

598. Aber könnte man nicht auf die Frage "Kannst du ..." antworten: "Ich will dir den Fall beschreiben und du kannst dann selbst beurteilen, ob ich mich irren kann"?

Z. B., wenn es sich um den Namen der Person handelt, könnte der Fall so stehen, daß die Person diesen Namen nie gebraucht hat, sich aber entsinnt, ihn auf einem Dokument gelesen zu haben,—und anderseits könnte die Antwort sein: "Ich habe diesen Namen mein ganzes Leben lang geführt, bin von allen Menschen so genannt worden." Wenn *das* nicht der

592. "I can tell you what kind of a . . . that is, and no doubt about it."

593. Even when one can replace "I know" by "It is . . ." still one cannot replace the negation of the one by the negation of the other.

With "I don't know . . ." a new element enters our language-games.

594. My name is "L. W." And if someone were to dispute it, I should straightaway make connexions with innumerable things which make it certain.

595. "But I can still imagine someone making all these con-nexions, and none of them corresponding with reality. Why shouldn't I be in a similar case?"

If I imagine such a person I also imagine a reality, a world that surrounds him; and I imagine him as thinking (and speaking) in contradiction to this world.

596. If someone tells me his name is N. N., it is meaningful for me to ask him "Can you be mistaken?" That is an allowable question in the language-game. And the answer to it, yes or no, makes sense.—Now of course this answer is not infallible either, i.e., there might be a time when it proved to be wrong, but that does not deprive the question "Can you be . . ." and the answer "No" of their meaning.

597. The reply to the question "Can you be mistaken?" gives the statement a definite weight. The answer may also be: "I don't *think* so."

598. But couldn't one reply to the question "Can you . . ." by saying: "I will describe the case to you and then you can judge for yourself whether I can be mistaken"?

For example, if it were a question of someone's own name, the fact might be that he had never used this name, but remembered he had read it on some document,—but on the other hand the answer might be: "I've had this name my whole life long, I've been called it by everybody." If *that* is not equivalent to the answer "I can't be mistaken", then the latter has no meaning

Antwort "Ich kann mich darin nicht irren" gleichkommt, so hat sie überhaupt keinen Sinn. Und ganz offenbar wird doch damit auf einen sehr wichtigen Unterschied gedeutet.

599. Man könnte z. B. die Sicherheit des Satzes, daß Wasser ca.bei 100° C kocht, beschreiben. Es ist das z. B. nicht ein Satz, den ich einmal gehört habe wie etwa den und jenen, die ich nennen könnte. Ich habe das Experiment selber in der Schule gemacht. Der Satz ist ein sehr elementarer unserer Lehrbücher, denen in solchen Dingen zu trauen ist, weil . . .—Man kann nun allem dem Beispiele entgegenhalten, die zeigen, daß Menschen dies und jenes für gewiß gehalten haben, was sich später, unsrer Meinung nach, für falsch erwiesen hat. Aber dieses Argument ist wertlos.[1] Zu sagen: wir können am Ende nur solche Gründe anführen, die *wir* für Gründe halten, sagt gar nichts.

Ich glaube es liegt hier ein Mißverständnis des Wesens unserer Sprachspiele zu grunde.

600. Was für einen Grund habe ich, Lehrbüchern der Experimentalphysik zu trauen?

Ich habe keinen Grund ihnen nicht zu trauen. Und ich traue ihnen. Ich weiß, wie solche Bücher entstehen—oder vielmehr, ich glaube es zu wissen. Ich habe einige Evidenz, aber sie reicht nicht weit und ist von sehr zerstreuter Art. Ich habe Dinge gehört, gesehen, gelesen.

22.4.
601. Es ist immer die Gefahr, die Bedeutung durch Betrachtung des Ausdrucks und der Stimmung, in welcher man ihn gebraucht, erkennen zu wollen, statt immer an die Praxis zu denken. Darum sagt man sich den Ausdruck so oft vor, weil es ist, als müßte man in ihm und in dem Gefühl, das man hat, das Gesuchte sehen.

23.4.
602. Soll ich sagen "Ich glaube an die Physik", oder "Ich weiß, daß die Physik wahr ist"?

603. Man lehrt mich, daß unter *solchen* Umständen *dies* geschieht. Man hat es herausgefunden, indem man den Versuch ein paar

---

[1] *Randbemerkung*: Kann es denn nicht auch geschehen, daß man heute einen Irrtum früherer Zeiten zu erkennen glaubt und später darauf kommt, daß die erste Ansicht richtig war, etc.

whatever. And yet quite obviously it points to a very important distinction.

599. For example one could describe the certainty of the proposition that water boils at *circa* 100° C. That isn't e.g. a proposition I have once heard (like this or that, which I could mention). I made the experiment myself at school. The proposition is a very elementary one in our text-books, which are to be trusted in matters like this because . . .—Now one can offer counter-examples to all this, which show that human beings have held this and that to be certain which later, according to our opinion, proved false. But the argument is worthless.[1] To say: in the end we can only adduce such grounds as *we* hold to be grounds, is to say nothing at all.

I believe that at the bottom of this is a misunderstanding of the nature of our language-games.

600. What kind of grounds have I for trusting text-books of experimental physics?

I have no grounds for not trusting them. And I trust them. I know how such books are produced—or rather, I believe I know. I have some evidence, but it does not go very far and is of a very scattered kind. I have heard, seen and read various things.

22.4.
601. There is always the danger of wanting to find an expression's meaning by contemplating the expression itself, and the frame of mind in which one uses it, instead of always thinking of the practice. That is why one repeats the expression to oneself so often, because it is as if one must see what one is looking for in the expression and in the feeling it gives one.

23.4.
602. Should I say "I believe in physics", or "I know that physics is true"?

603. I am taught that under *such* circumstances *this* happens. It has been discovered by making the experiment a few times. Not

---

[1] *Marginal note.* May it not also happen that we believe we recognize a mistake of earlier times and later come to the conclusion that the first opinion was the right one? etc.

mal gemacht hat. Das alles würde uns freilich nichts beweisen, wenn nicht, rund um diese Erfahrung, andere lägen, die mit ihr ein System bilden. So hat man nicht nur Fallversuche gemacht, sondern auch Versuche über den Luftwiderstand, u. a. m.

Am Ende aber verlasse ich mich auf diese Erfahrungen oder auf die Berichte von ihnen, richte meine eigenen Handlungen ohne jede Skrupel danach. Aber hat sich dieses Vertrauen nicht auch bewährt? Soweit ich es beurteilen kann—ja.

604. In einem Gerichtssaal würde die Aussage eines Physikers, daß Wasser bei ca 100° C koche, unbedingt als Wahrheit angenommen.

Wenn ich dieser Aussage nun mißtraute, was könnte ich tun um sie zu entkräften? Selbst Versuche anstellen? Was würden die beweisen?

605. Aber wie, wenn die Aussage des Physikers Aberglaube wäre, und es ebenso absurd wäre, daß das Urteil sich nach ihr, wie daß es sich nach einer Feuerprobe richtet?

606. Daß ein Andrer sich meiner Meinung nach geirrt hat, ist kein Grund anzunehmen, daß ich mich jetzt irre.—Aber ist es nicht ein Grund anzunehmen, daß ich mich irren *könne*? Es ist *kein* Grund zu irgend einer *Unsicherheit* in meinem Urteil, oder Handeln.

607. Der Richter könnte ja sagen "Das ist die Wahrheit—soweit ein Mensch sie erkennen kann."—Aber was würde dieser Zusatz leisten? ("beyond all reasonable doubt").

608. Ist es falsch, daß ich mich in meinem Handeln nach dem Satze der Physik richte? Soll ich sagen, ich habe keinen guten Grund dazu? Ist nicht eben das, was wir einen 'guten Grund' nennen?

609. Angenommen, wir träfen Leute, die das nicht als triftigen Grund betrachteten. Nun, wie stellen wir uns das vor? Sie befragen statt des Physikers etwa ein Orakel. (Und wir halten sie darum für primitiv.) Ist es falsch, daß sie ein Orakel befragen und sich nach ihm richten?—Wenn wir dies "falsch" nennen, gehen wir nicht schon von unserm Sprachspiel aus und *bekämpfen* das ihre?

that that would prove anything to us, if it weren't that this experience was surrounded by others which combine with it to form a system. Thus, people did not make experiments just about falling bodies but also about air resistance and all sorts of other things.

But in the end I rely on these experiences, or on the reports of them, I feel no scruples about ordering my own activities in accordance with them.—But hasn't this trust also proved itself? So far as I can judge—yes.

604. In a court of law the statement of a physicist that water boils at about 100° C. would be accepted unconditionally as truth.

If I mistrusted this statement what could I do to undermine it? Set up experiments myself? What would they prove?

605. But what if the physicist's statement were superstition and it were just as absurd to go by it in reaching a verdict as to rely on ordeal by fire?

606. That to my mind someone else has been wrong is no ground for assuming that I am wrong now.—But isn't it a ground for assuming that I *might* be wrong? It is *no* ground for any *unsureness* in my judgment, or my actions.

607. A judge might even say "That is the truth—so far as a human being can know it". But what would this rider achieve? ("beyond all reasonable doubt").

608. Is it wrong for me to be guided in my actions by the propositions of physics? Am I to say I have no good ground for doing so? Isn't precisely this what we call a 'good ground'?

609. Supposing we met people who did not regard that as a telling reason. Now, how do we imagine this? Instead of the physicist, they consult an oracle. (And for that we consider them primitive.) Is it wrong for them to consult an oracle and be guided by it?—If we call this "wrong" aren't we using our language-game as a base from which to *combat* theirs?

610. Und haben wir recht oder unrecht darin, daß wir's bekämpfen? Man wird freilich unser Vorgehen mit allerlei Schlagworten (slogans) aufstützen.

611. Wo sich wirklich zwei Prinzipe treffen, die sich nicht mit einander aussöhnen, da erklärt jeder den Andern für einen Narren und Ketzer.

612. Ich sagte, ich würde den Andern 'bekämpfen',—aber würde ich ihm denn nicht *Gründe* geben? Doch; aber wie weit reichen die? Am Ende der Gründe steht die *Überredung*. (Denke daran, was geschieht, wenn Missionäre die Eingeborenen bekehren.)

613. Wenn ich nun sage "Ich weiß, daß das Wasser im Kessel auf der Gasflamme nicht gefrieren, sondern kochen wird", so scheine ich zu diesem "Ich weiß" so berechtigt wie zu *irgend* einem. 'Wenn ich etwas weiß, so weiß ich *das*.'—Oder weiß ich, daß der Mensch mir gegenüber mein alter Freund so und so ist, mit noch *größerer* Gewißheit? Und wie vergleicht sich das mit dem Satz, daß ich aus zwei *Augen* schaue, und sie sehen werden, wenn ich in den Spiegel schaue?—Ich weiß nicht mit Sicherheit, was ich da antworten soll.—Aber es ist doch ein Unterschied zwischen den Fällen. Wenn das Wasser auf der Flamme gefriert, werde ich freilich im höchsten Maße erstaunt sein, aber einen mir noch unbekannten Einfluß annehmen und etwa Physikern die Sache zur Beurteilung überlassen.—Was aber könnte mich daran zweifeln machen, daß dieser Mensch N. N. ist, den ich seit Jahren kenne? Hier schiene ein Zweifel alles nach sich zu ziehen und in ein Chaos zu stürzen.

614. D. h.: Wenn mir von allen Seiten widersprochen würde: Jener heiße nicht, wie ich es immer wußte (und ich gebrauche hier "wußte" absichtlich), dann würde mir in diesem Fall die Grundlage alles Urteilens entzogen.

615. Heißt das nun: "Ich kann überhaupt nur urteilen, weil sich die Dinge so und so (gleichsam gutmütig) benehmen"?

616. Aber wäre es denn *undenkbar*, daß ich im Sattel bleibe, auch wenn die Tatsachen noch so sehr bockten?

610. And are we right or wrong to combat it? Of course there are all sorts of slogans which will be used to support our proceedings.

611. Where two principles really do meet which cannot be reconciled with one another, then each man declares the other a fool and heretic.

612. I said I would 'combat' the other man,—but wouldn't I give him *reasons*? Certainly; but how far do they go? At the end of reasons comes *persuasion*. (Think what happens when missionaries convert natives.)

613. If I now say "I know that the water in the kettle on the gas-flame will not freeze but boil", I seem to be as justified in this "I know" as I am in *any*. 'If I know anything I know *this*'.—Or do I know with still *greater* certainty that the person opposite me is my old friend so-and-so? And how does that compare with the proposition that I am seeing with two *eyes* and shall see them if I look in the glass?—I don't know confidently what I am to answer here.—But still there is a difference between the cases. If the water over the gas freezes, of course I shall be as astonished as can be, but I shall assume some factor I don't know of, and perhaps leave the matter to physicists to judge. But what could make me doubt whether this person here is N. N., whom I have known for years? Here a doubt would seem to drag everything with it and plunge it into chaos.

614. That is to say: If I were contradicted on all sides and told that this person's name was not what I had always known it was (and I use "know" here intentionally), then in that case the foundation of all judging would be taken away from me.

615. Now does that mean: "I can only make judgments at all because things behave thus and thus (as it were, behave kindly)"?

616. Why, would it be *unthinkable* that I should stay in the saddle however much the facts bucked?

617. Ich würde durch gewisse Ereignisse in eine Lage versetzt, in der ich das alte Spiel nicht mehr fortsetzen könnte. In der ich aus der *Sicherheit* des Spiels herausgerissen würde.

Ja, ist es nicht selbstverständlich, daß die Möglichkeit eines Sprachspiel durch gewisse Tatsachen bedingt ist?

618. Es schiene dann, als müßte das Sprachspiel, die Tatsachen, die es ermöglichen, '*zeigen*'. (Aber so ist es nicht.)

Kann man denn sagen, daß nur eine gewisse Regelmäßigkeit in den Geschehnissen die Induktion möglich macht? Das 'möglich' müßte natürlich '*logisch möglich*' sein.

619. Soll ich sagen: Wenn auch plötzlich eine Unregelmäßigkeit im Naturgeschehen einträte, so *müßte* das mich nicht aus dem Sattel heben. Ich könnte, nach wie vor, Schlüsse machen—aber ob man das nun "Induktion" nennen würde, ist eine andre Frage.

620. Unter bestimmten Umständen sagt man "Du kannst dich drauf verlassen"; und diese Versicherung kann in der Alltagssprache berechtigt, oder unberechtigt sein, und sie kann auch dann als berechtigt gelten, wenn das nicht zutrifft, was vorhergesagt wurde. *Es gibt ein Sprachspiel*, worin die Versicherung verwendet wird.

24.4.

621. Wenn von Anatomie die Rede wäre, würde ich sagen: "Ich weiß, daß vom Gehirn 12 Nervenpaare ausgehen." Ich habe diese Nerven nie gesehen, und auch ein Fachmann hat sie nur an wenigen Specimina beobachtet.—So wird eben hier das Wort "Ich weiß" richtig gebraucht.

622. Nun ist es aber auch richtig "Ich weiß" in den Verbindungen zu gebrauchen, die Moore erwähnt, wenigstens *unter bestimmten Umständen*. (Was "I know that I am a human being" heißt, weiß ich allerdings nicht. Aber auch dem könnte man einen Sinn geben.)

Ich kann mir zu jedem dieser Sätze Umstände vorstellen, die ihn zum Zug in einem unsrer Sprachspiele machen, wodurch er alles philosophisch Erstaunliche verliert.

623. Das Seltsame ist, daß ich in so einem Falle immer sagen möchte (obwohl es falsch ist): "Ich weiß das—soweit man so etwas wissen kann". Das ist unrichtig, aber es steckt etwas richtiges dahinter.

617.   Certain events would put me into a position in which I could not go on with the old language-game any further. In which I was torn away from the *sureness* of the game.

Indeed, doesn't it seem obvious that the possibility of a language-game is conditioned by certain facts?

618.   In that case it would seem as if the language-game must '*show*' the facts that make it possible. (But that's not how it is.)

Then can one say that only a certain regularity in occurrences makes induction possible? The 'possible' would of course have to be '*logically possible*'.

619.   Am I to say: even if an irregularity in natural events did suddenly occur, that wouldn't *have* to throw me out of the saddle. I might make inferences then just as before, but whether one would call that "induction" is another question.

620.   In particular circumstances one says "you can rely on this"; and this assurance may be justified or unjustified in everyday language, and it may also count as justified even when what was foretold does not occur. *A language-game exists* in which this assurance is employed.

24.4.
621.   If anatomy were under discussion I should say: "I know that twelve pairs of nerves lead from the brain." I have never seen these nerves, and even a specialist will only have observed them in a few specimens.—This just is how the word "know" is correctly used here.

622.   But now it is also correct to use "I know" in the contexts which Moore mentioned, at least *in particular circumstances*. (Indeed, I do not know what "I know that I am a human being" means. But even that might be given a sense.)

For each one of these sentences I can imagine circumstances that turn it into a move in one of our language-games, and by that it loses everything that is philosophically astonishing.

623.   What is odd is that in such a case I always feel like saying (although it is wrong): "I know that—so far as one can know such a thing." That is incorrect, but something right is hidden behind it.

624. Kannst du dich darin irren, daß diese Farbe auf Deutsch 'grün' heißt? Meine Antwort darauf kann nur "Nein" sein. Sagte ich "Ja,—denn eine Verblendung ist immer möglich", so hieße das gar nichts.

Ist denn der Nachsatz etwas dem Andern Unbekanntes? Und wie ist er mir bekannt?

625. Heißt das aber, daß es undenkbar wäre, daß das Wort "grün" hier aus einer Art von Versprechen oder momentaner Verwirrung entspringt? Kennen wir solche Fälle nicht?—Man kann einem auch sagen: "Du hast dich nicht vielleicht versprochen." Das heißt etwa: "Überleg dir's noch einmal."—

Aber diese Vorsichtsmaßregeln haben nur Sinn, wenn sie einmal zu einem Ende kommen.

Ein Zweifel ohne Ende ist nicht einmal ein Zweifel.

626. Es heißt auch nichts, zu sagen: "Der deutsche Name dieser Farbe ist *gewiß* 'grün',—es sei denn, ich verspreche mich jetzt, oder bin irgendwie verwirrt."

627. Müßte man diese Klausel nicht in *alle* Sprachspiele einschieben? (Wodurch sich ihre Sinnlosigkeit zeigt.)

628. Wenn man sagt "Gewisse Sätze müssen vom Zweifel ausgeschlossen werden", dann scheint es, als sollte ich diese Sätze, z. B. daß ich L. W. heiße, in ein Buch der Logik aufnehmen. Denn wenn es zur Beschreibung des Sprachspiels gehört, so gehört es zur Logik. Aber daß ich L. W. heiße gehört nicht zu so einer Beschreibung. Das Sprachspiel, das mit Personennamen operiert, kann wohl bestehen, wenn ich mich in meinem Namen irre,—aber es setzt voraus, daß es unsinnig ist zu sagen, die Mehrzahl der Menschen irre sich in ihren Namen.

629. Anderseits aber ist es richtig, wenn ich von mir aussage "Ich kann mich in meinem Namen nicht irren", und falsch wenn ich sage "Vielleicht irre ich mich". Aber das bedeutet nicht, daß es für Andre sinnlos ist, anzuzweifeln, was ich für sicher erkläre.

630. Sich in der Muttersprache über die Bezeichnung gewisser Dinge nicht irren können ist einfach der gewöhnliche Fall.

631. "Ich kann mich darin nicht irren" kennzeichnet einfach eine Art der Behauptung.

624. "Can you be mistaken about this colour's being called 'green' in English?" My answer to this can only be "No". If I were to say "Yes, for there is always the possibility of a delusion", that would mean nothing at all.

For is that rider something unknown to the other? And how is it known to me?

625. But does that mean that it is unthinkable that the word "green" should have been produced here by a slip of the tongue or a momentary confusion? Don't we know of such cases?— One can also say to someone "Mightn't you perhaps have made a slip?" That amounts to: "Think about it again".—

But these rules of caution only make sense if they come to an end somewhere.

A doubt without an end is not even a doubt.

626. Nor does it mean anything to say: "The English name of this colour is *certainly* 'green',—unless, of course, I am making a slip of the tongue or am confused in some way."

627. Wouldn't one have to insert this clause into *all* language-games? (Which shows its senselessness.)

628. When we say "Certain propositions must be excluded from doubt", it sounds as if I ought to put these propositions— for example, that I am called L. W.—into a logic-book. For if it belongs to the description of a language-game, it belongs to logic. But that I am called L. W. does not belong to any such description. The language-game that operates with people's names can certainly exist even if I am mistaken about my name,—but it does presuppose that it is nonsensical to say that the majority of people are mistaken about their names.

629. On the other hand, however, it is right to say of myself "I cannot be mistaken about my name", and wrong if I say "perhaps I am mistaken". But that doesn't mean that it is meaningless for others to doubt what I declare to be certain.

630. It is simply the normal case, to be incapable of mistake about the designation of certain things in one's mother tongue.

631. "I can't be making a mistake about it" simply characterizes one kind of assertion.

632. Sichere und unsichere Erinnerung. Wäre die sichere Erinnerung nicht im allgemeinen zuverläßiger, d. h., würde sie nicht öfter durch andere Verifikationen bestätigt als die unsichere, dann würde der Ausdruck der Sicherheit und Unsicherheit nicht seine gegenwärtige Funktion in der Sprache haben.

633. "Ich kann mich darin nicht irren"—aber wie, wenn ich mich dann doch geirrt habe? Ist denn das nicht möglich? Aber macht es den Ausdruck "Ich kann mich etc." zum Unsinn? Oder wäre es besser statt dessen zu sagen "Ich kann mich darin schwerlich irren"? Nein; denn dies heißt etwas andres.

634. "Ich kann mich darin nicht irren; und schlimmstenfalls mache ich aus meinem Satze eine Norm."

635. "Ich kann mich darin nicht irren: ich bin heute bei ihm gewesen."

636. "Ich kann mich darin nicht irren; sollte aber doch etwas gegen meinen Satz zu sprechen scheinen, so werde ich, gegen den Schein, an ihm festhalten."

637. "Ich kann mich etc." weist meiner Behauptung ihren Platz im Spiel an. Aber es bezieht sich wesentlich auf *mich*, nicht auf das Spiel im allgemeinen.

Wenn ich mich in meiner Behauptung irre, so nimmt das dem Sprachspiel nicht seinen Nutzen.

25.4.
638. "Ich kann mich darin nicht irren" ist ein gewöhnlicher Satz, der dazu dient den Gewißheitswert einer Aussage anzugeben. Und nur in seinem alltäglichen Gebrauch ist er berechtigt.

639. Aber was zum Teufel hilft er, wenn ich mich—zugegebenermaßen—in ihm irren kann und also auch in dem Satz, den er stützen sollte?

640. Oder soll ich sagen, der Satz schließe eine bestimmte *Art* des Fehlers aus?

641. "Er hat mir das heute gesagt;—darin kann ich mich nicht irren."—Wenn es sich aber doch als falsch erwiese?!— Muß man da nicht einen Unterschied machen in der Art und Weise, wie sich etwas 'als falsch erweist'?—Wie kann es denn

632. Certain and uncertain memory. If certain memory were not in general more reliable than uncertain memory, i.e., if it were not confirmed by further verification more often than uncertain memory was, then the expression of certainty and uncertainty would not have its present function in language.

633. "I can't be making a mistake"—but what if I did make a mistake then, after all? For isn't that possible? But does that make the expression "I can't be etc." nonsense? Or would it be better to say instead "I can hardly be mistaken"? No; for that means something else.

634. "I can't be making a mistake; and if the worst comes to the worst I shall make my proposition into a norm."

635. "I can't be making a mistake; I was with him today."

636. "I can't be making a mistake; but if after all something *should* appear to speak against my proposition I shall stick to it, despite this appearance."

637. "I can't etc." shows my assertion its place in the game. But it relates essentially to *me*, not to the game in general.

If I am wrong in my assertion that doesn't detract from the usefulness of the language-game.

25.4.
638. "I can't be making a mistake" is an ordinary sentence, which serves to give the certainty-value of a statement. And only in its everyday use is it justified.

639. But what the devil use is it if—as everyone admits—I may be wrong about it, and therefore about the proposition it was supposed to support too?

640. Or shall I say: the sentence excludes a certain *kind* of failure?

641. "He told me about it today—I can't be making a mistake about that."—But what if it does turn out to be wrong?!—Mustn't one make a distinction between the ways in which something 'turns out wrong'?—How *can* it *be shewn* that my

erwiesen werden, daß meine Aussage falsch war? Hier steht doch Evidenz gegen Evidenz, und es muß *entschieden* werden, welche weichen soll.

642. Wenn man aber mit dem Bedenken kommt: Wie, wenn ich plötzlich sozusagen aufwachte und sagte "Jetzt hab ich mir eingebildet, ich heiße L. W.!"——wer sagt denn, daß ich nicht nocheinmal aufwache und nun *dies* als sonderbare Einbildung erkläre, u. s. f.?

643. Man kann sich freilich einen Fall vorstellen und es gibt Fälle, wo man nach dem 'Aufwachen' nie mehr daran zweifelt, was Einbildung und was Wirklichkeit war. Aber so ein Fall, oder seine Möglichkeit, diskreditiert den Satz "Ich kann mich darin nicht irren" nicht.

644. Würde denn sonst nicht alle Behauptung so diskreditiert?

645. Ich kann mich darin nicht irren,—aber ich mag wohl einmal, mit Recht oder mit Unrecht, einzusehen glauben, ich sei nicht urteilsfähig gewesen.

646. Wenn das immer oder oft vorkäme würde es allerdings den Charakter des Sprachspiels gänzlich verändern.

647. Es ist ein Unterschied zwischen einem Irrtum für den, sozusagen, ein Platz im Spiel vorgesehen ist, und einer vollkommenen Regelwidrigkeit, die ausnahmsweise vorkommt.

648. Ich kann auch den Andern davon überzeugen, daß ich mich 'darin nicht irren kann'.
     Ich sage Einem: "Der und der war heute vormittag bei mir und hat mir das und das erzählt." Wenn es erstaunlich ist, so fragt er mich vielleicht: "Du kannst dich nicht darin irren?" Das mag heißen: "Ist das auch gewiß *heute vormittag* geschehen?", oder aber: "Hast du ihn auch gewiß recht verstanden?"—Es ist leicht zu sehen, durch welche Ausführungen ich zeigen könnte, daß ich mich in der Zeit nicht geirrt habe, und ebenso, daß ich die Erzählung nicht mißverstanden habe. Aber alles das kann *nicht* zeigen, daß ich die ganze Sache nicht geträumt, oder sie mir traumhaft eingebildet habe. Es kann auch nicht zeigen, daß ich mich nicht vielleicht durchgehends *versprochen* habe. (So etwas kommt vor.)

statement was wrong? Here evidence is facing evidence, and it must be *decided* which is to give way.

642. But suppose someone produced the scruple: what if I suddenly as it were woke up and said "Just think, I've been imagining I was called L. W.!"————well, who says that I don't wake up once again and call *this* an extraordinary fancy, and so on?

643. Admittedly one can imagine a case—and cases do exist—where after the 'awakening' one never has any more doubt which was imagination and which was reality. But such a case, or its possibility, doesn't discredit the proposition "I can't be wrong".

644. For otherwise, wouldn't all assertion be discredited in this way?

645. I can't be making a mistake,—but some day, rightly or wrongly, I may think I realize that I was not competent to judge.

646. Admittedly, if that always or often happened it would completely alter the character of the language-game.

647. There is a difference between a mistake for which, as it were, a place is prepared in the game, and a complete irregularity that happens as an exception.

648. I may also convince someone else that I 'can't be making a mistake'.

I say to someone "So-and-so was with me this morning and told me such-and-such". If this is astonishing he may ask me: "You can't be mistaken about it?" That may mean: "Did that really happen *this morning*?" or on the other hand: "Are you sure you understood him properly?" It is easy to see what details I should add to show that I was not wrong about the time, and similarly to show that I hadn't misunderstood the story. But all that can *not* show that I haven't dreamed the whole thing, or imagined it to myself in a dreamy way. Nor can it show that I haven't perhaps made some *slip of the tongue* throughout. (That sort of thing does happen.)

649. (Ich sagte einmal jemandem—auf Englisch—die Form eines bestimmten Zweiges sei charakteristisch für den Zweig einer Ulme [elm], was der Andre bestritt. Wir kamen dann an Eschen vorbei, und ich sagte "Siehst du, hier sind die Zweige, von denen ich gesprochen habe". Worauf er: "But that's an ash"—und ich: "I always meant ash when I said elm".)

650. Das heißt doch: die Möglichkeit eines *Irrtums* läßt sich in gewissen (und häufigen) Fällen eliminieren.—So eliminiert man (ja auch) Rechnungsfehler. Denn wenn eine Rechnung unzählige Male nachgerechnet worden ist, so kann man nun nicht sagen: "Ihre Richtigkeit ist dennoch nur *sehr wahrscheinlich,*—da sich immer noch ein Fehler eingeschlichen haben kann." Denn angenommen es schiene nun einmal, daß ein Fehler entdeckt worden sei—warum sollen wir nicht *hier* einen Fehler vermuten?

651. Ich kann mich nicht darin irren, daß $12 \times 12 = 144$ ist. Und man kann nun nicht *mathematische* Sicherheit der relativen Unsicherheit von Erfahrungssätzen entgegenstellen. Denn der mathematische Satz wurde durch eine Reihe von Handlungen erhalten, die sich in keiner Weise von Handlungen des übrigen Lebens unterscheiden und die gleichermaßen dem Vergessen, Übersehen, der Täuschung, ausgesetzt sind.

652. Kann ich nun prophezeien, daß Menschen die heutigen Rechensätze nie umstürzen werden, nie sagen werden, jetzt wüßten sie erst wie es sich verhalte? Aber würde das einen Zweifel unsrerseits rechtfertigen?

653. Wenn der Satz $12 \times 12 = 144$ vom Zweifel ausgenommen ist, dann müssen's auch nicht-mathematische Sätze sein.

26.4.51

654. Aber darauf kann man manches einwenden.—Erstens ist eben "12×12 etc." ein *mathematischer* Satz und daraus kann man folgern, daß nur solche Sätze in dieser Lage sind. Und wenn diese Folgerung nicht berechtigt ist, so sollte es einen ebenso sichern Satz geben, der vom Vorgang jener Rechnung handelt, aber nicht mathematisch ist.—Ich denke an einem Satz etwa dieser Art: "Die Rechnung '12×12' wird, wenn Rechenkundige sie ausführen, in der großen Mehrzahl der Fälle '144' ergeben." Diesen Satz wird niemand bestreiten und er ist natür-

649.   (I once said to someone—in English—that the shape of a certain branch was typical of the branch of an elm, which my companion denied. Then we came past some ashes, and I said "There, you see, here are the branches I was speaking about". To which he replied "But that's an ash"—and I said "I always meant ash when I said elm".)

650.   This surely means: the possibility of a *mistake* can be eliminated in certain (numerous) cases.—And one does eliminate mistakes in calculation in this way. For when a calculation has been checked over and over again one cannot then say "Its rightness is still only *very probable*—for an error may always still have slipped in". For suppose it did seem for once as if an error had been discovered—why shouldn't we suspect an error *here*?

651.   I cannot be making a mistake about 12 × 12 being 144. And now one cannot contrast *mathematical* certainty with the relative uncertainty of empirical propositions. For the mathematical proposition has been obtained by a series of actions that are in no way different from the actions of the rest of our lives, and are in the same degree liable to forgetfulness, oversight and illusion.

652.   Now can I prophesy that men will never throw over the present arithmetical propositions, never say that now at last they know how the matter stands? Yet would that justify a doubt on our part?

653.   If the proposition 12 × 12 = 144 is exempt from doubt, then so too must non-mathematical propositions be.

26.4.51
654.   But against this there are plenty of objections.—In the first place there is the fact that "12 × 12 etc." is a *mathematical* proposition, and from this one may infer that only mathematical propositions are in this situation. And if this inference is not justified, then there ought to be a proposition that is just as certain, and deals with the process of this calculation, but isn't itself mathematical. I am thinking of such a proposition as: "The multiplication '12 × 12', when carried out by people who know how to calculate, will in the great majority of cases give the result '144' ".

lich kein mathematischer. Aber hat er die Gewißheit des mathematischen?

655. Dem mathematischen Satz ist gleichsam offiziell der Stempel der Unbestreitbarkeit aufgedrückt worden. D. h.: "Streitet Euch um andre Dinge; *das* steht fest, ist eine Angel, um die sich Euer Streit drehen kann."

656. Und das kann man nicht vom Satz sagen, daß *ich* L. W. heiße. Auch nicht von dem Satze, daß die und die Menschen die und die Rechnung richtig gerechnet haben.

657. Die Sätze der Mathematik, könnte man sagen, sind Petrefakten.—Der Satz "Ich heiße . . ." ist dies nicht. Aber von denen, die, wie ich, die überwältigende Evidenz haben, wird auch er als *unumstößlich* betrachtet. Und das nicht aus Gedankenlosigkeit. Denn, daß die Evidenz überwältigend ist, besteht eben darin, daß wir uns vor keiner entgegenstehenden Evidenz beugen *müssen*. Wir haben also hier einen Widerhalt ähnlich wie den, der die Sätze der Mathematik unumstößlich macht.

658. Die Frage "Aber könntest du nicht jetzt in einem Wahn befangen sein, und vielleicht später herausfinden, daß du's warst?" könnte man auch auf jeden Satz des Einmaleins einwerfen.

659. "Ich kann mich darin nicht irren, daß ich jetzt gerade zu mittag gegessen habe."

Ja, wenn ich Einem sage "Ich habe gerade zu mittag gegessen", mag er glauben, daß ich lüge, oder jetzt nicht bei-Sinnen bin, aber er wird nicht glauben, ich *irre* mich. Ja, die Annahme, ich könnte mich irren, hat hier keinen Sinn.

Aber das stimmt nicht. Ich könnte z. B. gleich nach Tisch, ohne es zu wissen, eingenickt sein und eine Stunde geschlafen haben, und nun glauben, ich hätte gerade gegessen.

Aber ich unterscheide hier immerhin zwischen verschiedenen Arten des Irrtums.

660. Ich könnte fragen: "*Wie* könnte ich mich darin irren, daß ich L. W. heiße?" Und ich kann sagen: Ich sehe nicht, wie es möglich wäre.

661. Wie könnte ich mich in der Annahme irren, daß ich nie auf dem Mond war?

Nobody will contest this proposition, and naturally it is not a mathematical one. But has it got the certainty of the mathematical proposition?

655. The mathematical proposition has, as it were officially, been given the stamp of incontestability. I.e.: "Dispute about other things; *this* is immovable—it is a hinge on which your dispute can turn."

656. And one can *not* say that of the proposition that *I* am called L. W. Nor of the proposition that such-and-such people have calculated such-and-such a problem correctly.

657. The propositions of mathematics might be said to be fossilized.—The proposition "I am called . . ." is not. But it too is regarded as *incontrovertible* by those who, like myself, have overwhelming evidence for it. And this not out of thoughtlessness. For, the evidence's being overwhelming consists precisely in the fact that we do not *need* to give way before any contrary evidence. And so we have here a buttress similar to the one that makes the propositions of mathematics incontrovertible.

658. The question "But mightn't you be in the grip of a delusion now and perhaps later find this out?"—might also be raised as an objection to any proposition of the multiplication tables.

659. "I cannot be making a mistake about the fact that I have just had lunch."
For if I say to someone "I have just eaten" he may believe that I am lying or have momentarily lost my wits but he won't believe that I am making a mistake. Indeed, the assumption that I might be making a mistake has no meaning here.
But that isn't true. I might, for example, have dropped off immediately after the meal without knowing it and have slept for an hour, and now believe I had just eaten.
But still, I distinguish here between different kinds of mistake.

660. I might ask: "*How* could I be making a mistake about my name being L. W. ?" And I can say: I can't see how it would be possible.

661. How might I be mistaken in my assumption that I was never on the moon?

662. Wenn ich sagte "Ich bin nicht auf dem Mond gewesen— aber ich kann mich irren", so wäre das blödsinnig.

Denn selbst der Gedanke, ich hätte ja, durch unbekannte Mittel, im Schlaf dorthin transportiert worden sein können, *gäbe mir kein Recht* hier von einem möglichen Irrtum zu reden. Ich spiele das Spiel *falsch*, wenn ich es tue.

663. Ich habe ein Recht zu sagen "Ich kann mich hier nicht irren", auch wenn ich im Irrtum bin.

664. Es ist ein Unterschied: ob man in der Schule lernt, was in der Mathematik richtig und falsch ist, oder ob ich selbst erkläre, ich könne mich in einem Satz nicht irren.

665. Ich setze hier dem, was allgemein festgelegt ist, besonderes hinzu.

666. Aber wie ist es z. B. mit der Anatomie (oder einem großen Teil derselben)? Ist nicht auch, was sie beschreibt, von allem Zweifel ausgenommen?

667. Auch wenn ich zu einem Volk käme, das glaubt, die Menschen würden im Traum auf den Mond versetzt, könnte ich ihnen nicht sagen: "Ich war nie auf dem Mond.—Natürlich kann ich mich irren." Und auf ihre Frage "Kannst du dich nicht irren?" müßte ich antworten: Nein.

668. Welche praktische Folgen hat es, wenn ich eine Mitteilung mache und dazusetze, ich könne mich darin nicht irren?

(Ich könnte statt dessen auch hinzusetzen: "Ich kann mich darin sowenig irren, wie darin, daß ich L. W. heiße.")

Der Andre könnte dennoch an meiner Aussage zweifeln. Aber nicht nur wird er, wenn er mir traut, sich von mir belehren lassen, sondern er wird auch bestimmte Schlüsse aus meiner Überzeugung auf mein Verhalten ziehen.

669. Der Satz "Ich kann mich darin nicht irren" wird sicher in der Praxis gebraucht. Man kann aber bezweifeln, ob er dann in ganz strengem Sinne zu verstehen ist, oder ob er eher von der Art einer Übertreibung ist, die vielleicht nur zum Zweck der Überredung gebraucht wird.

662. If I were to say "I have never been on the moon—but I may be mistaken", that would be idiotic.

For even the thought that I might have been transported there, by unknown means, in my sleep, *would not give me any right* to speak of a possible mistake here. I play the game *wrong* if I do.

663. I have a right to say "I can't be making a mistake about this" even if I am in error.

664. It makes a difference: whether one is learning in school what is right and wrong in mathematics, or whether I myself say that I cannot be making a mistake in a proposition.

665. In the latter case I am adding something special to what is generally laid down.

666. But how is it for example with anatomy (or a large part of it)? Isn't what it describes, too, exempt from all doubt?

667. Even if I came to a country where they believed that people were taken to the moon in dreams, I couldn't say to them: "I have never been to the moon.—Of course I may be mistaken". And to their question "Mayn't you be mistaken?" I should have to answer: No.

668. What practical consequences has it if I give a piece of information and add that I can't be making a mistake about it?

(I might also add instead: "I can no more be wrong about this than about my name's being L. W.")

The other person might doubt my statement nonetheless. But if he trusts me he will not only accept my information, he will also draw definite conclusions from my conviction, as to how I shall behave.

669. The sentence "I can't be making a mistake" is certainly used in practice. But we may question whether it is then to be taken in a perfectly rigorous sense, or is rather a kind of exaggeration which perhaps is used only with a view to persuasion.

27.4.

670. Man könnte von Grundprinzipien der menschlichen Forschung reden.

671. Ich fliege von hier nach einem Weltteil, wo die Menschen nur unbestimmte, oder wo sie gar keine Nachricht von der Möglichkeit des Fliegens haben. Ich sage ihnen, ich sei soeben von ... zu ihnen geflogen. Sie fragen mich, ob ich mich irren könnte.—Sie haben offenbar eine falsche Vorstellung davon, wie die Sache vor sich geht. (Wenn ich in eine Kiste gepackt würde, wäre es möglich, daß ich mich über die Art des Transportes irrte.) Sage ich ihnen einfach, ich könne mich nicht irren, so wird sie das vielleicht nicht überzeugen; wohl aber wenn ich ihnen den Vorgang beschreibe. Sie werden darin die Möglichkeit eines *Irrtums* gewiß nicht in Frage ziehen. Dabei könnten sie aber—auch wenn sie mir trauen—glauben, ich habe geträumt, oder ein *Zauber* habe mir das eingebildet.

672. 'Wenn ich *der* Evidenz nicht traue, warum soll ich dann irgend einer Evidenz trauen?'

673. Ist es nicht schwer zu unterscheiden zwischen den Fällen, in denen ich mich *nicht*—und solchen worin ich mich *schwerlich* irren kann? Ist es immer klar, zu welcher Art ein Fall gehört? Ich glaube nicht.

674. Es gibt nun aber bestimmte Typen von Fällen, in denen ich mit Recht sage, ich könne mich nicht irren, und Moore hat ein paar Beispiele solcher Fälle gegeben.

Ich kann verschiedene typische Fälle aufzählen, aber keine allgemeine Charakteristik angeben. (N. N. kann sich darin nicht irren, daß er vor wenigen Tagen von Amerika nach England geflogen ist. Nur wenn er närrisch ist, kann er etwas andres für möglich halten.)

675. Wenn Einer glaubt, vor wenigen Tagen von Amerika nach England geflogen zu sein, so glaube ich, daß er sich darin nicht *irren* kann.

Ebenso, wenn Einer sagt, er sitze jetzt am Tisch und schreibe.

676. "Aber wenn ich mich auch in solchen Fällen nicht irren kann,—ist es nicht möglich, daß ich in der Narkose bin?" Wenn ich es bin und wenn die Narkose mir das Bewußtsein raubt,

670. We might speak of fundamental principles of human enquiry.

671. I fly from here to a part of the world where the people have only indefinite information, or none at all, about the possibility of flying. I tell them I have just flown there from. . . . They ask me if I might be mistaken.—They have obviously a false impression of how the thing happens. (If I were packed up in a box it would be possible for me to be mistaken about the way I had travelled.) If I simply tell them that I can't be mistaken, that won't perhaps convince them; but it will if I describe the actual procedure to them. Then they will certainly not bring the possibility of a *mistake* into the question. But for all that—even if they trust me—they might believe I had been dreaming or that *magic* had made me imagine it.

672. 'If I don't trust *this* evidence why should I trust any evidence?'

673. Is it not difficult to distinguish between the cases in which I cannot and those in which I can *hardly* be mistaken? Is it always clear to which kind a case belongs? I believe not.

674. There are, however, certain types of case in which I rightly say I cannot be making a mistake, and Moore has given a few examples of such cases.

I can enumerate various typical cases, but not give any common characteristic. (N. N. cannot be mistaken about his having flown from America to England a few days ago. Only if he is mad can he take anything else to be possible.)

675. If someone believes that he has flown from America to England in the last few days, then, I believe, he cannot be making a *mistake*.

And just the same if someone says that he is at this moment sitting at a table and writing.

676. "But even if in such cases I can't be mistaken, isn't it possible that I am drugged?" If I am and if the drug has taken away my consciousness, then I am not now really talking and

dann rede und denke ich jetzt nicht wirklich. Ich kann nicht im Ernst annehmen, ich träume jetzt. Wer träumend sagt "Ich träume", auch wenn er dabei hörbar redete, hat sowenig recht, wie wenn er im Traum sagt "Es regnet", während es tatsächlich regnet. Auch wenn sein Traum wirklich mit dem Geräusch des Regens zusammenhängt.

thinking. I cannot seriously suppose that I am at this moment dreaming. Someone who, dreaming, says "I am dreaming", even if he speaks audibly in doing so, is no more right than if he said in his dream "it is raining", while it was in fact raining. Even if his dream were actually connected with the noise of the rain.